突围

何权峰 著

青岛出版集团 | 青岛出版社

本书中文简体字版经北京时代墨客文化传媒有限公司代理，由作者授权在中国大陆出版、发行

山东省版权局著作权合同登记号图字：15-2023-164

图书在版编目（CIP）数据

突围 / 何权峰著. -- 青岛：青岛出版社，2024.7. -- ISBN 978-7-5736-2453-6

Ⅰ．B821-49

中国国家版本馆CIP数据核字第20241XX876号

		TUWEI
书　　名		突　围
作　　者		何权峰
出版发行		青岛出版社（青岛市崂山区海尔路182号）
本社网址		http://www.qdpub.com
邮购电话		18613853563
责任编辑		李文峰
特约编辑		侯晓辉
校　　对		王子璠
装帧设计		蒋　晴
照　　排		梁　霞
印　　刷		三河市良远印务有限公司
出版日期		2024年7月第1版　2024年7月第1次印刷
开　　本		32开（880mm×1230mm）
印　　张		6.5
字　　数		112千
书　　号		ISBN 978-7-5736-2453-6
定　　价		39.80元

编校印装质量、盗版监督服务电话 4006532017　0532-68068050

自 序

有人说:"愚人向远方寻求快乐,智者在脚下栽种幸福。"

有多少人抱着"某天能得到幸福"的想法规划人生呢?我猜,多数人如此!

我们等待着有一天人生会如愿,所有待办事务会被全部完成,身旁的那个人会改变,生活中各种问题都会消失,生命中的动荡不安会归于平静……但我们最终发现,事情和想象中完全不一样,心情也在这个过程中起伏。

我们一直想要努力改变一切、掌控一切,坚持自己的观点,却从来没有问过自己是否可以淡定从容地接受一切,过一种宁静平和的生活。

我们被欲望支配,每天不断向外界索取。我们拥有了更多的东西,但还是不知满足,也从未停下来问问自己到底想要什么。

人因此变得不幸——我们害怕悲惨，却奔向它；我们想要幸福，却远离它。如何从这种境况中突围，即是本书想告诉大家的。

幸福是敞开心胸接纳当下的一切，而不是达到我们预期的某种状态。当我们全然接纳一切，便会发现每一个困难都包含一份礼物。

幸福也不是追求而来的，因为它从未离开过。并非在某一个特定的时间或条件下，人才能"获得幸福"，一切美好的事物本就在我们身边。

拥有幸福的方法就是感受幸福。有人曾说："幸福是一只蝴蝶，当你追逐它的时候，总是抓不到它；当你静静地坐下来时，它会落在你的身上。"

幸福是需要你去察觉的。慢下来，请你别再让幸福和自己擦肩而过。

名人的突围

拿破仑·波拿巴
法国军事家、政治家

困难要靠自己克服,障碍要靠自己冲破;在我们的字典里是没有难字的。

查尔斯·狄更斯
英国作家

顽强的毅力可以征服世界上任何一座高峰。

戴尔·卡耐基

美国现代成人教育之父

人可以忍受不幸,也可以战胜不幸,因为人有着惊人的潜力,只要立志发挥它,就一定能渡过难关。

比尔·盖茨

美国微软公司联合创始人

人们所认识到的是成功者往往经历了更多的失败,只是他们从失败中站起来并继续向前。

目录

第一章
学会放下，就是放过自己

第一节　无法改变的事，就接受吧！/ 3

第二节　有什么样的生命，就用什么样的生命过活 / 7

第三节　谁让人受不了？/ 11

第四节　放下，问题不再是问题 / 15

第五节　你排斥就产生干扰，静下来可能干扰就消失 / 19

第六节　对无法控制的事少管一点儿 / 23

第二章
你要的祝福，藏在你不要的改变里

第一节　不要对人生的起起落落太在意 / 31

第二节　天底下没有确定的事 / 35

第三节　人生没有如果 / 39

第四节　去做你渴望的事 / 43

第五节　相信一切都会有最好的安排 / 47

第六节　每个逆境都包含一份礼物 / 51

第三章
最亲密的关系，是你和你的念头之间的关系

第一节　去爱不完美的自己 / 57

第二节　关系不可能完美，因为你不完美 / 61

第三节　所有外在发生的，都可能与自己的内在有关 / 66

第四节　只要一念转 / 70

第五节　我们忘了，这些都只是臆测罢了 / 75

第六节　关系的冲突，其实是观念的冲突 / 81

第四章
痛苦，就是提醒你该放下了

第一节　思想是一切问题的根源 / 89

第二节　愤怒起于愚昧，终于悔恨 / 93

第三节　为什么我会有这样的反应？ / 97

第四节　放下，放过 / 101

第五节　逝者已矣，来者可追 / 105

第六节　你不紧抓着念头，它自然会消失 / 109

第七节　我们要如何放下负面情绪和想法？ / 114

第五章
错过，就是你人在心却不在

第一节　慢下来，幸福就不会擦肩而过 / 119

第二节　一次只做一件事 / 124

第三节　人在哪里，心在哪里 / 129

第四节　一期一会 / 134

第五节　你现在不快乐，你一定不在现在 / 137

第六节　别去想，只要看 / 141

第六章
当你学会面对死，就学会如何活

第一节　生命是不等人的 / 149

第二节　这辈子最好的时候就是现在 / 154

第三节　如果你突然知道自己快死了 / 158

第四节　你可以孤单，但不许孤独 / 163

第五节　没有什么是一直属于你的 / 168

第七章
我们要追求的是享受生活

第一节　快乐，就是放下你认为能使你快乐的东西 / 175

第二节　改善生活，不如享受生活 / 179

第三节　是得？是失？ / 183

第四节　你是拥有，还是享有？ / 187

第五节　幸福，需要用心去感受 / 192

第一章

学会放下，
就是放过自己

PART 1

第一节
无法改变的事,就接受吧!

我准备搭飞机,朋友忽然冒出来一句话:"问你一件事情,不晓得你会不会介意?"

我光明坦荡,百无禁忌:"没关系,你问吧!"

朋友问:"最近飞机意外频传,你会不会害怕?"

真是哪壶不开提哪壶,原来他是问这个问题。

"不怕!"我立刻回答他。

"为什么不怕?大家不是都怕死吗?"

我说:"我本来也害怕,但后来想想,害怕也没用。"

我怕他听不懂,于是再说清楚一点儿:"害怕是告诉我们避开它。比如害怕输钱，就不要赌博；害怕被开罚单，就不要超速；害怕得肺癌，就不要抽烟。但是死亡这件事，无法躲避，害怕也没用，干脆就不用害怕了。"

"若你理解，事物只是呈现原来的面貌；若你无法理解，事物依然呈现同一副面貌。"无论事实是什么，它就是那个样子；无论你接不接受，它都一样。

我认识一个住在海边的人，那里经年累月刮着风沙，冬天时，冰冷的海风吹来，更让人受不了。虽然他很厌恶这样的气候，但是如果要住下来，他就必须接受这个严酷的环境，否则能怎么办呢？他能让风暂停吗？他去责怪风，根本无济于事，不是吗？

你的接受或排斥对一些事的结果不会有任何影响。唯一不同的是：如果你接受它，内心就会平静；如果你排斥它，内心就会厌恶。无论如何，事实还是一样。

有个老农夫肩上挑着一根扁担信步而行，扁担上悬着一个盛满油的壶，他失足跌了一跤，把油壶摔得粉碎，这位老农若无其事地继续往前走。

这时，有个人匆匆地跑过来激动地说："你不知道油壶摔碎了吗？"

"是的，"老农不慌不忙地回道，"我知道。我听到它摔碎的声音了。"

"那么你怎么不转身，看看该怎么办？"

"它已经碎了，油也洒了，我还能怎么样？"他说。

面对无法改变的事，就接受吧！

突　围

什么是接受？接受是指对于既定的事实，我们无法改变它，就要学会顺其自然。文学家林语堂说："即使是最坏的状况，也要照单全收，这是获致内心平和的秘诀。"

第二节
有什么样的生命，就用什么样的生命过活

当遭遇不幸时，我们要怎么面对？

先接受，接受事实是克服任何不幸的第一步。

这似乎很难。

但是，不接受只会更糟糕。想想，如果我是盲人，我接受这个事实，这样就不会一天到晚地抱怨、挣扎。反之，如果我不接受这个事实，那会怎么样？我的抗拒必然带来挣扎，带来更多的痛苦，让自己陷入绝境，不是吗？

"接受"并不是"喜欢"。当一个人失败时，他"接受"

突 围

这个事实，不代表他"喜欢"失败。学会接受失败，面对失败，反思失败的原因，才能从失败中重新振作起来，迎接下次挑战。

接受也不会改变事实，至少不会直接改变它。接受转化的是你，当你转化了，你的整个世界也就跟着改变。例如，当一个人"接受"自己得了癌症，就不再耗费精力，去抗拒"既成事实"。他可以把精力转移到珍惜眼前时光、放开执着的人生观上面。这样他才能减少焦虑和恐惧感，更重要的是他能够不再徒增挫折感，消耗自己的能量。

有个病人因车祸而肢体损伤，当他得知自己可能要截肢时，他变得极度不安："可能失去右腿的可怕想法一直萦绕在我的脑海里，让我充满恐惧与愤怒。"

我告诉他："如果你一定要截肢，那就注定要截肢。不管你怎么想，或是拒绝谈论，都无法改变事情的结果。"

后来他慢慢地接受了现实："如果我失去了腿脚会怎样？"当他知道自己将会装上义肢，继续活下去时，他开始接受现实了，心情也平静了下来。

人生的幸福快乐，并非来自人生际遇的顺遂，而在于能以一颗豁达的心坦然接受一切,就像生命斗士尼克·胡哲豁达地面对人生一样。他天生没有四肢,却可以骑马、冲浪、潜水、跳伞、踢足球、玩滑板,甚至打高尔夫球,样样皆能。他去过40多个国家,举行了2000多场演讲,激励了数百万人。

我曾在网络上读过一则故事。有一个人,家里世代采珠,在她外出求学时,母亲郑重地把她叫到一旁,给了她一颗珍珠,告诉她:"当人们把沙子放进蚌壳内时,蚌会觉得非常不舒服,但是它又无力把沙子吐出去,所以,蚌面临两个选择。一是抱怨,让自己的日子继续不好过;二是想办法把这粒沙子同化,使它跟自己和平共处。于是蚌开始分泌体液把沙子包起来。沙子沾上的体液越多,蚌越把它当作自己的一部分,直至最后,它们相处得越来越和谐,这就产生了珍珠。"

你有怎样的心境,就活在怎样的境遇里。有位著名的舞蹈家有一次为了鼓舞因为体能受限而抱怨的舞者,说:"你有什么样的身体,就用什么样的身体跳舞。"而我说,你有什么样的生命,就用什么样的生命过活。这样做就对了!

突 围

有一位思想家写下过这样的文字:

愿上天赐我平静,接受我无法改变的事;
愿上天赐我勇气,改变我能改变的事;
愿上天赐我智慧,能够分辨两者的差异。

请你认清"什么是我可以改变的"和"什么是我不能改变的"的区别。从今天起,请你开始改变你能改变的,接受不能改变的。如果事情无法改变,就试着改变自己吧!

第三节 谁让人受不了？

"我到底做错了什么？"眼眶泛红的妮娜哽咽着，"我先生说他已经受够我了，还说要和我离婚，说他再也无法忍受我吹毛求疵的毛病。我喜欢家里干干净净、井然有序，而他总是把家里弄得乱糟糟的，我当然受不了了。为什么家里除了我之外，似乎没有人关心房子是否给人整齐清洁的感觉？让家里保持整洁有什么不对吗？"

一个人在生活上有所喜好并没有错，但是不要强求他人和自己一样，否则就太执着了。

就如上面的那位爱干净的妮娜一样，她当然没有错。不过，当她将自己的习惯强加给家人的时候，这个家庭的生活就被她的偏好所支配。原本柔顺、友善的妮娜，可能变成一个很容易发脾气的人。桌面脏乱会令她受不了；儿子没把鞋子摆放整齐，她就对他大吼大叫；先生没有及时将东西归位，就招来一顿骂。一个干净整齐的房子竟比家庭的和谐更重要，这就本末倒置了。

我以前尤其无法忍受孩子边听音乐边读书的行为，有时音乐的声音还很大。"这样怎么能专心呢？"我曾多次对孩子们说教、唠叨。

有一天，孩子开诚布公地告诉我："我喜欢听音乐，它并没有像干扰你一样干扰我。"我细想才惊觉，我自己喜欢安静，读书怕有嘈杂的声音干扰，那是我的问题，而孩子并没有这个问题。我终于明白：其实，真正干扰孩子的人是我。

玛丽偏好美食节目，约翰喜欢看体育节目；她喜欢有规律，周末才外出用餐购物，他喜欢随缘，兴起时就出门；她慢条斯理，他做事很急躁；她喜欢从中间挤牙膏，他喜欢从末尾挤起；她爱去同一个地方度假，他则爱变化，想去新地方做不同的探险。

人各有偏好，这都不是问题，问题在于有人太执着于自己的偏好，才会让人受不了。所以，当你受不了某人，别忘了提醒自己："我会不会才是那个让人受不了的人？"

突 围

你因某个问题或者某件事情而感到困扰，别人面对同样的问题或者事情时，却想着如何去解决，而非执着地揪着问题不放，这是谁有问题？你因受不了某个人或者某件事而不断抱怨，别人却觉得没什么大不了，这是谁让人受不了？

是你，对吗？

第四节
放下，问题不再是问题

我们刚解决一个问题，却发现新的问题接连出现。你不久前感冒了，刚感觉好一些，但是你的孩子又生病了；孩子的状况刚好一点儿，家里的水管又堵塞了；家里没问题了，你的工作又开始出现状况。

人生不就是这样吗？

即使你没有一点儿不良居心，还会与人产生误会。你该做的准备都做了，但是事情还是发生了。各种摩擦、冲突和问题，从未真正消失过。

突　围

有一天，一位80多岁的阿婆告诉孙女："我最近想通了，不想再为子孙忧心操劳了！我忧心了大半辈子，结果该发生的事情还是会发生，难过的日子终究也会过去。如今，我要努力让自己活得快乐。"

这位阿婆经过深刻的反思后，终于醒悟，决定开始自己的新生活。

拥有智慧的表现在于你已经明白自己曾经常常"自寻烦恼"，因此烦恼无穷无尽。

从前，有许多人不约而同地问了智者同一个问题："我该怎么做，才能不再烦忧？"

智者给了所有人相同的答案："只要放下，你就能不再烦恼。"

放下很难，因为我们将问题看得太"重"了。人生的一切问题，归根结底来自我们没有学会放下它，因此使身心背负着沉重的包袱，自己也感觉越来越累，越活越辛苦。

难道我们要对问题不管不顾？不，放下问题，并不是放着不管。而当我们愿意放下时，每一件事情将变得不同。当问题"不再是问题"，问题也就消失不见了，不是吗？

想想看，你还是个孩子时，会面临很多问题，等长大后，你并没有去解决这些问题，问题却消失了。因为随着日子一天天过去，问题被你放下了。当你年老的时候，你会笑自己，当时你为那些问题伤心、难过、痛不欲生，而今呢？

问题已不再是问题。你原本就是快乐的，烦恼是后来才有的。

突 围

放下,不是不管事、不用心、不行动,而是不忧愁、不焦虑、不烦恼。

"放下"与"放弃"是不一样的。放下,是一种心态上的升华;放弃,则是放弃自己,放弃希望。放下可以让人轻松自在,放弃则让人陷入沮丧、痛苦。

人生有太多包袱,我们可以将它们一一扛在肩上,也可以选择潇洒地放下。请你想一想,既然烦恼对解决问题无济于事,你何不学会放下问题,放下烦恼,让自己保持初心,找回快乐?

第五节
你排斥就产生干扰，静下来可能干扰就消失

当你静坐时，狗叫声从远方传来。狗叫声原本无足轻重，但如果你非常排斥："狗为什么叫个不停？""狗的主人为什么不把狗关起来？"，那么，你的内心越排斥，狗叫声越打扰你。

你讨厌某人，每次当你想起他时，你都会闷闷不乐，于是你告诉自己："我不要再去想了！我要把他忘记！"然而你越想忘记，反而越忘不掉。

有些烦恼，你不理会就好，如果你对抗，就没完没了了。我们都知道，只要有对抗，就会有冲突，就会有对

立，而冲突和对立，又会引发愤怒、怨恨、攻击、暴力，对吗？

　　有件事大家必须了解，那就是，不管你排斥的是什么，你所抗拒的事情只会更加干扰你；相反，你只要让自己沉静下来，很多问题可能就会消失。

　　你可能在遭遇挫败之后更加努力，但还是会遭遇挫败；你可能希望事情变得不一样，希望某人有所改变，但情况越来越糟糕。就像一杯水，你努力想让它变得清澈，结果它却愈变愈混浊。

　　你是否能静下心想一想，究竟是谁一直在晃动这杯无法清澈的水呢？

　　有一位知名的演说家曾说，他主持一次冬季7天禅修时体会到了一个道理。当时有150人参加禅修，被安排在一所只有一个房间的乡下民宅里，靠近门窗而坐的人不时抱怨好冷，坐在房间中央的人则说好热。他一会儿打开窗户，一会儿关上窗户。结果他不论怎么做，都无法讨好每一个人。最后，他决定让参加禅修的人自己照顾自己。

　　参加者成天来来往往，不是去打开窗户就是去关上窗户。后来，有意思的是，禅修者自己解决了这个问题。有位仁兄推开窗户时力道过猛，结果窗子掉进了底下的小溪里。自此之后，房子里面过冷或过热的问题就没有人再提起过。

你尝试过很多次去改变周遭的人、事、物，结果却更糟糕。你现在试试看：让你的心沉静下来，不要想着改变任何事。如果天气太热、风太大、附近狗叫声很吵，你的伴侣有很多毛病、你的主管爱吹毛求疵、亲戚很爱计较、同事爱说闲话……你就依照它本来的样子接受它。

世界本来就没有所谓的烦恼，你只要接受，让人、事、物按照它本来的样子存在就好。如果你对人、事、物排斥或加以干涉，你将陷入困难和痛苦中，这就成了你的烦恼。

总有一天你会觉悟，并非事实在跟你作对，而是你没跟事实和解。一旦你不再抗拒，你的心自然会平静下来。

你无须费力争执,只要静下来,正确的言语可能就会产生。

你无须费心找理由为自己辩护,只要沉静下来,你的举止可能就是最好的说明。

你无须努力改变什么,一旦你愿意接受事物现在的样子,而非你希望它成为的样子,所有的问题可能会消失不见。

第六节
对无法控制的事少管一点儿

每次上课时我总喜欢问学生："有多少人曾经耗费时间和精力，企图改变身边的人，或是掌控事情，改变他不喜欢的东西，把事情变成他想要的样子？"几乎每一个人不约而同地把手举起来。

但当我问道："有多少事被改变了？"很快地，举起的手又不约而同地放下。

你能掌控天气吗？你能管控交通吗？你能控制别人吗？你的婚姻、小孩、健康，都是你能决定，按你的期待发展的吗？在工作上你可以决定晋升吗？在投资上你可以

突 围

保证获利吗？你对一个人好，他就会对你好吗？你能让世界保持静止，好让一场海啸不会发生吗？……不，我们无法掌控我们无法掌控的事。

有一位先生一直因家人的事情而烦恼着，为此，他去见了一位据称很睿智的老人。这位先生向老人提问："我一直希望妻子的个性能洒脱些，但是她的个性很神经质，总是疑神疑鬼。我该怎么做才能让我妻子改变呢？"

他又接着发问："我儿子不但讨厌读书，而是个性叛逆，这让我伤透脑筋。我该怎么做，才能让他符合我的期待呢？"

老人听完后，反问这位先生："我也有一个烦恼，希望你给我建议。从明天开始，我希望能够接连3天放晴。我该怎么做才能让以后开始的3天都是晴天呢？"

这位先生回答："这种事情再怎么烦也没有办法解决，天气又不是人可以控制的。"

老人于是说："没错。你的妻子和儿子都与天气一样，不是你能够随心所欲地掌控的。妻子不会变得与丈夫期望的一模一样，孩子也不会完全照着父母设想的样子成长。

第一章 学会放下，就是放过自己

烦恼如何才能让他人顺着自己的意思去做，就像是烦恼如何让天气照着自己所想的改变，两者同样愚蠢。"

这位先生终于察觉自己的愚蠢："我试图去控制自己无法掌控的事情，真是自寻烦恼。"

人之所以会痛苦，是因为将快乐建立在超出自己控制范围的事物上。如果你经常干涉你的妻子或丈夫、兄弟或姐妹、朋友、孩子，你必定经常感到挫败、愤怒、无力，对吗？

建议大家，如果某人或某事让你感到不快乐，你不妨问自己："这是我能掌控的事吗？"只需这样一个简单的问题，你就能厘清问题，把你的心拉回自己身上。

我们可以从一位出租车司机身上学到这个道理，他的朋友每天在路上来回开15千米的路程上下班。

"你是怎么做到的？"他问，"我试过，可是在这种交通状况下，我实在忍不住要破口大骂。那些人老是任意变换车道，还有些人频踩刹车、龟速前进，没有人听到我叫骂。如果我像你一样整天开车，我一定会疯掉。"

那位司机回答说："你的问题在于，你老是想驾驭你周围的每一辆车,而我会让自己放松下来,只开一部车——我自己的。"

没错,我们最需要控制的就是我们的控制欲。若你想要快乐多一点儿,对你无法控制的事就少管一点儿。

这世界上的事可以分成两种，一种是我们能掌控的，另一种是我们不能掌控的。

什么是我们不能掌控的事？

如天气的变化、生老病死等，这都不是我们能掌控的。

另一种是别人的责任，别人要怎么想、怎么说、怎么做，也不是我们能掌控的。

我们能控制什么？我们能控制的就是自己，包括我们的想法、态度以及对事情的反应。

第二章

你要的祝福,
藏在你不要的改变里

PART 2

第一节
不要对人生的起起落落太在意

年有春夏秋冬,月有阴晴圆缺,人有悲欢离合以及生老病死,天地有风灾、水灾、地震,我们所喜欢和珍爱的人、事、物终究会变化且离我们而去,这就是"诸行无常"的真相。

无常随时随地都会发生,只是有时没有发生在我们身上而已!就像你在读书的这一刻,有人正在热恋,有人刚刚失恋;有人快要死亡,有人刚刚出生;有人正在欢欣大笑,也有人正在沮丧难过……人会痛苦,大抵是因为不肯接受真相,因为我们希望某些事情发生,某些事情又不要发生。正因为如此，我们的心情总跟着起起落落。

我永远记得那件事：那次我和同事一起讨论事情，他接到一通主管打来的电话，主管说他的论文没通过，连研究补助的申请也被驳回。令人惊讶的是，他似乎完全不受影响，挂了电话后就继续讨论。

在了解到问题的严重性之后，我问他怎么能够如此镇定冷静的？

他告诉我，很久以前他学到最重要的生活课题，就是最终一切事情都会改变。"唯一的差别，是在什么时候。"他说，以他的情况来说，就是现在。

是啊！最终一切事情都会改变。人生的旅途本来就是有起有落，潮来潮去。没有永远的春天，也没有永远的冬天，不要企图停留在某个处境里。秋天既已来到，夏天自然无容身之处。抗拒真相，就像是在对秋天的枯树说："不，树叶不该枯萎，我要你长出绿色的叶子。"与事实对抗，只会给你带来痛苦。如果你没看破这一点，你将会继续受苦；如果你看破了这一点，你就觉悟了。

爱尔兰的一位剧作家是个明白人，他说："我知道我活得够久，这件事总会发生。"

幸福会来，不幸也会来，没有任何你认为不好的事情是不应该存在的，同样，这些不好的事情也不可能一直存在。看着花开花落，或许感伤，但我们知道不久花儿一样会开、会落，不是吗？

一个觉悟的人，就是懂得随遇而安。因为无常，他便知道苦不会是永远的，乐也不会是永远的，它们都只是暂时的现象。就因为快乐是短暂的，平常就该珍惜，而当痛苦的事发生时也能以平常心看待。

突 围

好日子不会天天有，坏日子也不会天天来。

人生有得有失，境遇有好有坏，所有状况都是暂时的，没有一件事会永远不变。生命的遭遇犹如水中的浮草、木叶、花瓣，终究会在时间的河流中漂到远方。

困境不会是永久的，这次的难关也终将过去。

第二节
天底下没有确定的事

你有没有注意到,有时事情会在不知不觉中发生改变。你在前一分钟清楚,下一分钟却变得茫然。有时你想刻意避免的事,却偏偏发生;原以为是灾难却因祸得福。没有人知道下一刻会发生什么。

《美丽境界》的编剧阿奇瓦·高斯曼说:"天底下没有确定的事,这是我唯一肯定的事。"

有人生了病、丢了工作、考试落榜、爱人分手,这些都是坏事,但它们真的是坏事吗?不,那只是眼前。

突 围

有人升了官、中奖发财、嫁入豪门、买了豪宅，看来都是好事，但它们真的是好事吗？不，那要看以后。

很多现在让你痛苦难过的人、事、物，过去也曾让你热烈渴望不已；现在让你喜爱的人、事、物，也许未来会让你痛苦不已。

你真的知道什么是福、什么是祸吗？你真的能综观全局吗？所以，不要轻易做判断，也不要轻易下定论，因为你不知道事情为何发生，也不知道它会带来什么样的结果，对吗？

从前有个农夫，原本已经被判处死刑，他却向国王保证能在一年内教国王的马学会飞行，因此获得缓刑。虽然大臣们议论纷纷，认为国王遭到愚弄，国王却不为所动。

和农夫同监的囚犯问这个农夫："你怎么能兑现你的诺言？"

农夫说："在这一年内，或许国王会死，或许这匹马会死。谁知道在这一年之中会发生什么事？也许马真的能学会飞行也未可知。"

在人生道路的某一处，你的生命似乎走进了冬天，周遭寒冷晦暗，这让你觉得：完了，一切都没希望了。你没想到冬天到了尽头，春天紧跟着来。

突 围

> 对于人生的不确定，我们无能为力，但如果什么都确定，必定很无趣。
>
> 培根说："一切幸福，并非都没有烦恼；一切逆境，也绝非都没有希望。"
>
> 因为所有事情都是不确定的，生命才有无数个可能性，才让世界上有了奇迹，才让我们怀着希望，不是吗？

第三节
人生没有如果

在人生道路上,我们常有这种感叹:如果当初自己没做那件事该有多好,如果那时我可以如何就好了。

我听过许许多多人不断地在说:如果当时我换个工作,如果我买了股票,如果当年跟某人结婚,如果从前我好好读书的话,如果当初……事实上,你根本不可能回到当初,就算真的回到当初,你也会做相同的决定的。因为你还是当初的你,那时你还没有经历现在的一切,不是吗?

我在当导师的时候,有位学生曾向我抱怨,说:"如果我不是现在的父母所生,假如我是出生在其他家庭,我的命运绝不是那样。"

我告诉他:"如果你不是现在的父母所生,不是生在这个家庭,你的命运当然不同,你将不是'现在的你'。然而假如你不是'现在的你',你又怎么能以'我的命运'来说呢?因为那个人已经不是你了。"

有个成功的企业家,某天陪他的父亲到一家高级餐厅用餐,现场有一位琴艺不凡的小提琴手正在为大家演奏。

这位企业家在聆听之余,想起当年自己也曾学过琴,而且几乎为之疯狂,便对他的父亲说:"如果我从前好好学琴的话,现在也许就会在这里演奏了。"

"是呀,孩子,"他的父亲回答,"不过那样的话,你现在也许就不会坐在这里用餐了。"

人生道路不一样,沿途景色当然不同。不管遇到什么情况,你都要记住:你做的每一个决定都各有利弊。不管是要当艺术家还是企业家,要剪短头发还是留长发,要把孩子生下来还是不生孩子,要离开还是继续原本的生活,每个选择都有得有失。每条道路上都有值得一看的风景,只要这样想,你也就释怀了。

第二章 你要的祝福，藏在你不要的改变里

我认识一位朋友，他原本担任行销企划，因为羡慕诗人、画家那种自在的生活，毅然辞职，从事艺术工作，靠出售他个人的创作勉强为生。有次我问他："你会担心生计吗？""会呀，当然会，但这是我的选择。"他说，"为了自由和理想，我愿意付出这个代价。"

人生没有如果，只有后果和结果。你可以回头想，但是你永远只是现在的你。记住印度诗人泰戈尔的话："如果你因为错过了太阳而流泪，那么你也将错过群星。"不要懊恼一些已经过去的事或木已成舟的定局，要专注在你能改变的事情上。

突 围

> 过去已经过去,别活在过去,你每想一遍就走回头路一次,再想一遍又走一次,这样怎么能看到未来?
>
> 英国大剧作家、诗人莎士比亚有一句名言:"一直悔恨已逝去的不幸,只会招致更多的不幸。"试想,如果你开车向前却不断地看后视镜,这样能看清前面的路吗?

第四节
去做你渴望的事

会害怕是正常的,世上谁能无惧?尽管如此,你依然去做,这便是勇气。

人生需要很大的勇气,当我们面对害怕的事,若选择逃避,人生便也将错过很多机会;越是向往和在意的事情,我们越容易因裹足不前而抱憾终身。

所以,不管你渴望什么,还是正准备挑战什么,千万不要停下脚步,不要因恐惧而停留。

看看这段少年与老人的对话。

少年:"我喜欢上了一个女孩。我想打电话约她出来,却又怕被拒绝。如果被拒绝了,我该怎么办呢?"

老人:"如果不想被拒绝,你不约她不就得了,连做都没做,又怎么会被拒绝呢?不过,如果你想约她,免不了会有被拒绝的风险。"

少年:"这点我也明白。我知道做什么事都会有失败的可能。不过,我紧张得心脏快从嘴巴里跳出来了,我要怎么做才能镇定下来呢?"

老人:"你想要让自己镇定下来,就不要打电话。你对那个女孩死了心,马上就不会紧张。"

少年:"拜托您别说得那么轻松,我没想过放弃,只不过,我希望能解决紧张的问题。"

老人:"约那个女孩出来与不让自己紧张,哪个比较重要?"

少年:"这个……约她出来比较重要。"

老人:"那么,你可以带着紧张的心情约她啊。就用你发抖的手去拿电话,然后用走调的声音约她出来。"

少年:"对啊,我怎么就没想到?我的手发抖应该也可以打电话,不管声音正不正常,应该也是可以约她的啊!"

老人:"年轻真是好啊!哈哈哈。"

去行动吧!虽然心里有畏惧,但你一旦做了,就会发现其实没那么可怕。

有人曾说过:"很多事我起初都很害怕,可是我假装不害怕去做,慢慢地,我真的不害怕了。"

你也可以用这种克服恐惧的妙方。只要你表现得好像勇气十足,便会觉得自己勇敢起来。若这样持续得够久,伪装就变成了真实,在不知不觉中,你就成为真正的勇者。

突 围

你该害怕的不是你所害怕的事物,而是任由"害怕"使你裹足不前,这才是最可怕的。

除非你去尝试,否则你永远不会知道能不能克服恐惧。如果你不敢面对恐惧,就得一生一世躲着它。

第五节
相信一切都会有最好的安排

如果我们相信生命自有安排，就能培养一种接受和信任的态度。接受属于我们的现实，信任发生的事情自有其意义，这就是所谓的信心。

信心不是迷信，而是相信的力量。我们若企图操控这股力量，最后只会为自己带来阻碍。就像企图逆流而上，与河流对抗的人，早晚会精疲力尽。

有三只毛毛虫，从很远的地方爬来。它们准备渡河，到一个开满鲜花的地方去。

一只毛毛虫说："我们必须先找到桥，然后从桥上爬过

突 围

去,只有这样,我们才能抢在别人的前头,占有含蜜最多的花朵。"

另一只毛毛虫说:"在这荒郊野外,哪里有桥?我们还是各自造一条船,从水上漂过去,只有这样,我们才能尽快到达对岸。"

第三只毛毛虫说:"我们走了那么多的路,已经疲惫不堪了,现在应该停下来休息两天。"

另外两只毛毛虫很诧异:休息?简直是笑话!你没看到对岸花丛中的蜜都快被喝光了吗?我们一路急急忙忙、马不停蹄,难道是来这儿睡觉的吗?

说完,第三只毛毛虫就爬上最高的一棵树,找了片叶子躺下来。河里的流水声如音乐一般动听,树叶在微风吹拂下如婴儿的摇篮,很快它就睡着了。

不知过了多久,也不知自己在睡梦中到底做了些什么,一觉醒来,这只毛毛虫发现自己变成了一只蝴蝶。它的翅膀是那样美丽轻盈,变成蝴蝶的毛毛虫仅仅挥动了几下翅膀,就飞过了河。

此时,这里的花朵开得正艳,花里都是香甜的蜜。它很想找到另外两个伙伴,可是飞遍所有的花丛都没找到,因为它的伙伴一个累死在路上,另一个被河水冲走了。

你可能会对事情进展缓慢感到不耐烦,对自己停滞不前觉得慌张,或者对未来感到茫然不安。生命在你还看不出变化的时候,其实已在缓缓地改变,在悄悄地成长。

当需要的条件满足、时机已经成熟时,每一件事都按照它所应该发生的情况发生,当我们不再试图干涉,一切都会有最好的安排。

突 围

信心，就是一股力量。

如果崎岖不平，你就相信这样的道路，并勇于迎接挑战；

如果走走停停，就相信这样的暂停，会有柳暗花明的时候；

如果事与愿违，就相信这样的安排，换一条人生道路未尝不可。

只要你把心放下，相信人生会越来越好。

第六节
每个逆境都包含一份礼物

有一个很好动的小男孩跌倒摔断了腿。医生说:"到春天他就可以活蹦乱跳,但他必须先在床上躺一个月,而且不可以乱动他的腿。"起初,小男孩抗拒医生的医嘱,可是他发现,他越是去想那些他不能做的事,就越觉得疲劳、愤怒。

父母在他的床边放了一部电话,他的朋友每天打电话来。从前他并不喜欢打电话,可是当他的朋友打电话来,他就觉得自己的心情好了一点儿。他开始写信,并且收到回信。他很惊讶地发现,写信竟然那么有趣。从前,他根本没有时间写信。他开始学下棋,也开始喜欢读书。他变得比从前平静得多。当春天来临的时候,他又开始跑跑跳跳,而且比从前快乐。

回想生命中的某个困境,尽管它那么糟糕,但现在回顾一下,你是否能从中看见或发现什么美好?也许它让你交到新朋友、得到工作、获得提升或拥有一个全新的开始。

我认识一个病人,她发现丈夫有了外遇。当她描述颈椎受伤后的改变时,她告诉我:"如果我的颈椎没有受伤,我一定还在继续跟他们缠斗。受伤让我有机会静下来思考婚姻留存的意义。"

"嗯!"我点头赞同。

"老实说,"她有感而发地说,"我觉得自己原来的生活非常不快乐,但不想面对改变带来的恐惧感。结果发生这件事也好,如果不是这样,也许我还一直陷在那段感情里。"

毛毛虫以为的绝境,其实是蝴蝶美丽的开始。生命永远朝着越来越美好的方向在发展。如果你没有这种体会,那就意味着你一直在抗拒这个过程。

如果我们将焦点放在失望或所受的伤害上,那么就只

第二章　你要的祝福，藏在你不要的改变里

会感受到伤痛。摆脱这种情况的方法是，不要问一些没建设性的问题："为什么是我？为什么我会遇到这种事？"

相反，我们要问自己："这是让我学习什么样的人生功课？其中的生命礼物是什么？"当你提出这两个问题时，你的注意力就会被放在积极、正面的事物上，你就会发现，每个逆境都包含一个转机、一个崭新的开始以及重生的机会。如同人们说的："当上天关上一扇窗，它也会为你开启一扇门。"

突 围

如果毛毛虫不知道破茧而出会变成蝴蝶,那么所有的过程遂成了痛苦的挣扎。我们不也是这样,总是在不断地挣扎、埋怨、逃避,所以才会受无谓的苦。

你到了穷途末路了吗?记住,那不是绝路,而是一条崭新的道路。

第三章

最亲密的关系，
是你和你的念头之间的关系

PART 3

第一节
去爱不完美的自己

爱最大的问题,就是每个人都在寻找爱,但大家最欠缺的就是爱。

所有的爱只能从自己开始,要了解,你只能用你与自己的相处方式来与他人相处。一个责怪、批判自己的人,他也一定会挑剔、谴责身边的人;对自己很严苛、要求完美的人,对别人大抵也是如此。

无论你遇到什么人,要牢记这个基本的法则:你如何看别人,就会如何看自己;你如何待他人,就会如何待自己。

突围

有这样一则寓言：

仙人掌痛苦地哭着说："为什么没有鸟儿喜欢我？"

鸟儿回答："因为你有刺。"

刺猬痛苦地说："为什么没有人拥抱我？"

小白兔回答："我是很想拥抱你，可是我怕你伤害我。"

没有人喜欢拥抱刺猬，因为它身上长满刺。

所以，花朵有很多朋友，仙人掌没有。

所以，树有很多朋友，刺猬没有。

我们都听过这样的话："不爱自己的人，无法去爱别人。"你都不爱自己了，又怎么可能去爱别人？你都封闭起自己了，如何接受别人？

一个人要变得慈悲，首先必须对自己慈悲；想得到爱，自己就必须先有爱。接纳他人的历程在本质上即是一种自我接纳的过程。

如果一个人可以如实地接受自己本来的样子，那么，在这个接受过程中，他所有的恐惧、焦虑、痛苦、绝望都会消失，突然间，慈悲就会出现，爱就会出现。如同一位作家所说:"只有去爱不完美的自己,我们才有能力去爱有缺点的他人。"

当你放下总是批判自己的心态,你就会发现你不再那么经常批评别人。当你允许别人做他们自己,他们的小习惯便不再那么干扰你。当别人的负面言行出现,你就会宽容并放下贬损他人的论断和怨恨的心。当你与自己的内心和解,你就会开始和他人和解。

你不必刻意寻找爱,只要让自己成为爱,你将得到所有的爱。

突 围

> 许多人对"爱自己"缺乏真正的了解,爱自己不是放纵自己,更不是自私自利,爱自己是接纳自己。"你能接受自己的程度",就相当于"你能接受他人的程度"。当你能如实地接受他人,爱他人,允许他人成为他自己,你就能如实地接纳自己本来的样子,爱自己。

第二节
关系不可能完美，因为你不完美

当我们孤单一人时，许多人以为只要拥有一段关系，所有问题就会烟消云散。然而，当关系继续发展下去，反而出现更多的问题，为什么？

当你说你的关系有问题时，其实不是你的关系有问题，而是你的内在有问题，这点你必须首先了解，关系只是一面镜子，你从中照见的是自己。

一般而言，你喜欢一些人，实际上反映的是你希望自己内在拥有像他们一样的特质；而你讨厌一些人，反映的是你不喜欢且不接受内在的那个同样的自我。

比如，你不喜欢懒散的人，反映你不喜欢懒散的自己；你讨厌懦弱的人，反映你讨厌懦弱的自己，因此当有人把它表现出来，你就会觉得排斥。任何你内在不喜欢的，你就会批判；当你看到它在别人身上，你就会谴责。

透过别人，你可以了解到你的恐惧、懦弱、忌妒、贪欲、善恶、爱恨以及内在的真相。

你可能被人惹恼了，就迁怒对方，或者为了保护自己，进行反击。你可能会觉得这是对方的问题，因为他让你厌恶、生气、痛苦。事实上，问题来自何人不重要，重要的是对方只是一面镜子。

双方关系越亲密，"镜子"反映得就越清楚。如果你爱对方，镜子就反映出爱；如果你恨对方，镜子就反映出恨。当你说"我真受不了你"，也许对方也受不了你；当你说他老是这样，很可能你自己也老是那样。伴侣们吵个不停，原因就在这里。

我们之所以怕被批评，是因为批评使我们面对自己。就好像有人拿着镜子在你面前，你急着把镜子移开，甚至想把它打破。这样能改善关系吗？不，当你排斥、抱怨、

第三章 最亲密的关系，是你和你的念头之间的关系

愤怒，你只会让彼此更加厌恶。

相反，将善意、接纳、感恩或任何美好的感受给对方，这份美好将反映到你身上。

你可以借由关系状态判断你一直在给对方什么。如果你们目前的关系很美好，代表你付出了美好；假如你们目前的关系有很多问题，代表你也有很多问题。

所以，你要改善的不是关系，而是自己。

"你给别人的，都会回到自己身上。"日前，我在电台听到一个节目，一位老师谈到"夫妻相处之道"，我觉得颇值得大家借鉴。他说：

"一个接纳丈夫的妻子，不但给了丈夫自信，而且使丈夫表现出个性的优点。因为得到妻子接纳的丈夫，就会喜欢自己，一个喜欢自己的人，就会跟别人相处融洽，也会变得体贴细心。

"相反，一直骂丈夫的妻子，她所得到的结果跟她所希望的完全相反，因为她的责骂使丈夫讨厌自己，自尊心降低，感到焦虑不安，于是他开始找出妻子的缺点来反驳，这样的恶性循环会引起严重的后果。同样的道理也适用在

丈夫对妻子身上。"

　　关系不能解决问题，只能带出我们原本的问题。让我们痛苦的，不是生命缺了另一个人，而是即使那个人在身边，我们的所作所为也会让自己痛苦，明白了吗？

> 你与每个人的关系,都反映出你与自己的关系。每当你想要改善关系,只有一个地方需要检视:你的内在。
>
> 关系不可能完美,因为你不完美。你必须对自己满意,才可能对别人满意,而不是找一个人来弥补自己所没有的。

第三节
所有外在发生的，都可能与自己的内在有关

你一早醒来心情郁闷，让你认为整个世界都是黑暗而阴沉的，或者一早起来心情开朗，让你觉得世界是光明美好的，会产生这些差异不是因为外在环境，而是因为我们的内心。

当我们快乐，花在笑，云在跳舞，噪声是悦耳的；当我们不快乐，风在哭，海在哀号，音乐变成噪声，甚至路人也会使我们气恼。我们看到的外在世界，其实是自己内心想法和感受的反映。

曾有学生抱怨："教室太吵，我读不进去书。"我问他："你有过置身人群却仍感到寂寞的经历吗？如果你有过这样的经历，为什么不把这种感觉带到教室里？"当我们内心孤独，在独处时孤独，在人群中也孤独。当我们内心平静，在人群中也能平静；若是心浮气躁，不管到哪里必定一片纷扰。

这世界并没有变，变的是我们。不管你去哪里，你都带着对生活的态度，你深藏在内心的想法，也会反映在你的生活中和外在行为上。

常有人问我："为什么世界如此悲惨？为什么我不快乐？"每当听到这样的问题，我就会为发问的人感到难过，这样简单的事情，为什么他们不明白？问题根源是自己的心。

你对生活不满，那你可曾想过你不满的是生活还是你自己？因为在你的周围，也有人过得很欢喜满足，对吗？

在我开车出门的路上，有一片绿林。周末清晨，我经过绿林旁边的道路时，刚好有一群人手里提着鸟笼过马路。我停下车，摇下车窗，欣赏着一只只迷人的小鸟，它们的

突 围

羽毛在晨曦中熠熠生辉,喉咙里还发出清脆悦耳的叫声。我为自己的好运气感到庆幸。

在旁边车道,另一辆车停了下来。车上的驾驶员对遇到这一列漫步的路人似乎并不是很高兴。他很急躁,车子蓄势往前。就在队伍刚穿过马路时,他就立刻踩下油门呼啸而去了。

我在想,真是有趣,我们两个人都碰到了相同的情况,反应却完全不同。可见,感受不是来自外界,而是来自我们的心境。

我们应该养成自我观察的习惯,随时监测自己的内心。

我们应该经常问自己:"我此刻心情平静吗?"或问:"此刻我的内在发生了什么?"我们在问自己这些问题之后,别急着马上回答,首先关注内在,自己的内心正在想什么?

当我们看出自己内心的状态,我们就会明白世界在我们的心中的位置。

第三章 最亲密的关系，是你和你的念头之间的关系

有人说："我们也许会到全世界去寻找快乐，但是除非我们把快乐带在身上，否则我们是找不到它的。"

不要抱怨环境，不论什么环境都有人过得好，也有人过得坏。周遭的环境并不是决定你心情好坏的因素，关键性因素是你的心境，因为每个人都被同样的环境所围绕，不是吗？

第四节
只要一念转

有两个人分别在上下班高峰时间陷入堵塞的车流中。其中一个人懊恼自己被困住了,心里想:真倒霉,我要想办法逃离,这是什么烂交通?他所感觉到的是焦虑、生气和沮丧。另外一个人觉得,既然碰到这种情况,就当作老天给他一个休息的机会,他心里想:我可以听听音乐或做点儿腹式呼吸放松心情。他所感觉到的是平静、放松和安适。

在这个案例中,两个人所碰到的境遇相同,只是想法不同,情绪反应也随之改变。这也可以应用在其他的

第三章 最亲密的关系，是你和你的念头之间的关系

事情上。

转念难吗？不难，举个例子：你跟在一个老妇人的车后面开车，她开得很慢，而且显得很迟疑。你愈来愈气愤难耐。

现在请想象那个老妇人就是你的母亲或祖母，你的感觉是不是完全不同？

我曾读过一则故事：有位父亲经过一天辛苦的工作，好不容易通过下班堵车的高峰路段，驱车回家竟发现通往车库的车道被孩子们的脚踏车和玩具堵住了，这让他很恼火。几乎每天他都必须下车，清理出一条通道来。他会训诫孩子们不要将玩具堵在车道上，但收效甚微。他甚至威胁要轧过孩子们的玩具。孩子们在开始的两天会保持车道的干净，但是老习惯很快又开始了。他感到心烦气躁。

一天傍晚，这位父亲返家时发现，车道上又到处散置着玩具。他很生气地下车，开始清理车道，每拾起一个玩具，他的愤怒就加深一次。

起初，他并未注意到有位邻居——一位退休的老先生

突 围

经过，还帮他清理身旁的玩具。这位邻居的小女儿在一个星期前出嫁，并搬到其他地方去了。当他发现邻居加入自己的清理行列时，他向老先生抱怨："我已经厌倦帮这些小家伙收拾玩具了。"

"希望你不会介意我帮忙，"这位邻居说道，"因为我的儿女已经长大，离开我了，我真的很怀念帮他们捡玩具的时光。你应该趁这一切都还在的时候，好好享受这样的日子。在你明白我的心情前，你的孩子也将离你而去。时光飞逝啊！"

经过这次的事情之后，他不再为散置在车道上的玩具感到生气。他说："孩子毕竟还是孩子，我该好好多花时间跟他们相处。"这是他现在的想法。

你看，转念并不难，是不是？

记得有一次，我和几对夫妻去拜访一位朋友，几个小孩子想玩扑克牌。他的妈妈问他："为什么要玩扑克牌？"小男孩兴致勃勃地回答："因为我们想通过玩牌赢得喜欢的东西。"

我发现这位母亲的脸色马上沉了下来，因为她认为赌博对孩子来说是不好的。过了一会儿,这位母亲的心情突然转变了,她的脸上满是笑容:适当的玩牌没问题,可以锻炼数学及思维能力,但不要涉及赌博哦。人一旦沉迷于赌博,将严重影响学业。

你的心永远是自由的,全看你自己要怎么想。

突围

"生气"和"消气",在转念处;"幸福"和"不幸",在一念间。

很多时候,你以为走不过去、过不下去,但念头一转,你也许轻松就飞过困境。

有时你似乎改变不了任何事;但有时,只要转个念头,马上海阔天空。

第五节
我们忘了，这些都只是臆测罢了

那个人对你态度冷淡，你猜想自己是否得罪过他；有人没回你电话，你又怀疑他是故意的。当你的朋友说了一句无心的话，当你不认识的人对你微笑，当你的上司没有把一项重要的工作任务交给你，当你的伴侣板着脸……你的心里总不自觉地开始展开想象，猜想会生出更多猜想，怀疑又生出更多怀疑。

但你的感觉真的都不会错吗？其实，人的感觉都是来自自己的思想，都是自己"想出来"的，这就是我们总是怀疑别人，却从没有怀疑过自己的原因。

突 围

有一对年轻的夫妻,他们的婚姻触礁了,彼此不断地相互指责。他们原本拥有一段美好的感情,但是结婚不久,什么都变了。

原来,在结婚的那一天,他们非常忙乱,由于隔天他们就要出国度蜜月,所以结婚典礼后,新娘的父母带他们回家,忙着为女儿准备行李,招呼亲友,把新婚的夫婿冷落在一旁。

他觉得他们是故意的,并开始对妻子家庭中的每个人不经意间的举动做过分的解读。事后这件事虽被他遗忘了,但怨恨已扎下了根,无意识中,他开始怀疑妻子的每个举动。他成了爱唠叨的丈夫,不停地挑剔、指责对方,他的妻子也因此变得情绪化。他怀疑她所做的一切,她觉得他变得讨人厌,双方已变得水火不容。

如果我们深入去看,会发现自己无时无刻不在内心编写剧本。只要我们心里产生一个想法,我们很容易就相信它,因为相信,我们就认定它是事实。我们忘了,这些都只是自己的臆测罢了。

第三章 最亲密的关系,是你和你的念头之间的关系

有这样一个故事,有几只乌龟相约一起去野餐,到了目的地才发觉忘了带盐。做菜不能少了盐,经过大家讨论后,它们决定派最小的乌龟回去取盐。小乌龟同意了,但是有一个条件:在它回来之前大家都不能吃东西,大家也都同意了,于是它就离开了。

两天、三天、一星期过去了,它仍然没回来,最后它们之中最老的乌龟受不了饥饿,打开了三明治餐盒。突然,最小的那只乌龟从一棵树的后面跳出来,说:"我没告诉你吗?在我回来之前大家都不能吃东西,我就知道你不会等我回来!现在我不想去拿盐了。"

我们之所见,取决于我们自己在想什么。如果你认为别人是故意的,或是认为别人不负责任、不体贴你、不疼惜你、不尊重你、不了解你、背叛你……我们总能找到"证据"证明这一点。

很多时候,人们之所以难以了解彼此,都起因于自己认为"我就知道这样";许多怨恨难以化解,起因于我们认为"他是故意的"。你已经事先有了定论,只不过是寻找更多的证据来支持自己的定论,这样,问题当然是"无解"的。

所以，与其说"看看他把我怎么了"，还不如说"看看我的想法把我自己怎么了"。

如果你认定某人很糟糕或发觉自己对某事不高兴，最重要的是去质疑："这是真的吗？"你要提醒自己你的想法未必可信，然后去寻找反面证据来反驳先前心中产生的观点。

举例，妻子在盛怒之下可能会想：他一向就是这么自私，从来不顾及我的需求。反过来，她回想丈夫是否做过体贴她的事，于是她可能修正自己的想法：他有时候也挺关心我的，虽然他刚刚的行为使我难过。

如果丈夫耽搁了回家吃晚餐，妻子认为：我早知道他讨厌回家。现在，反过来想：他那么晚还在忙，真是辛苦。这样一来，是不是结果全然不同？

前一种想法只是徒增感伤，后者却能让自己充满感激。

当我们开始质疑自己的想法时，其实是我们在摆脱习惯性的思考模式，以客观和成熟的心智思考，将自己导向一种快乐、安宁的生活。

当你毫无知觉地接受了那些没有经过验证的想法的时

候，你就陷入执着，而质疑"这是真的吗？"刚好是一个契机，让你来检验这些念头的真实性。

他真没礼貌，他真不会替人着想，他老是把我忘了……"这是真的吗？"

他是故意的，他是冲着我来的，他想让我难堪……"这是真的吗？"

突 围

> 不论火烧得多么旺盛，若是不再添加燃料，火苗自会慢慢熄灭。想想看，如果没有那些未经过验证的想法，你便不会陷入执着，你的心是不是平静下来了？

第六节
关系的冲突，其实是观念的冲突

你有没有发现，当你有"谁应该……"或"谁不应该……"的想法时，你的心情就变得不快乐？

如果你有"丈夫应该负担家计，妻子应该洗衣做饭"的观念，对方若不是这样，你就会不满；你认为"是朋友，就应该支持你""做错事的人，就应该先道歉"，那么，当朋友没有支持你，做错事的人没先道歉，你就很难原谅他们，对吗？

观念，就是我们经年累月执着不放的想法。一个人执

突　围

着于一个想法，意味着坚定不移地认为它是正确的。

男友忘了你的生日，你很伤心。"如果他爱我，就应该记得我的生日。"你说，"所以，他根本不爱我。"

妻子做决定没先问你，你很生气。"如果她尊重我，就不应该自作主张。"你说，"所以，她根本不重视我。"

我们为自己建构了一个牢笼，这种种的观念就是这牢笼的栅栏。当我们太坚持一个观点时，我们就会变得没有弹性，自我设限，甚至不可理喻。生活的战争，就是这样被引爆的。爱人应该怎样，朋友应该怎样，夫妻应该怎样，金钱应该怎样，小孩应该怎样，生活应该怎样，道理应该怎样……这就是我们每天面对的战争，不是吗？

你在等人，本来也没事，但当你想到"他不应该迟到"，你的怒气就会生起；妻子常打电话来关心你，朋友却说她"应该"信任你，"不应该"掌控你的行踪，于是你变得不耐烦；事情做得很好，然后你想到"他应该帮忙""他不应该把事情都丢给我"，就会愈想愈气。

你知道人为什么会生气吗？生气常是因为观念不同以及"以为自己是对的"。人们发生口角，其实他们不是跟对方争吵，而是观念和观念在角力。一方认为事情"应该"

这样，另一方却认为"不应该"这样，双方各自坚持各自的观念，口角就发生了。"坚持我是对的"才会导致怒气横生。

换句话说，人与人之间每一次的冲突，都是一次观念的冲突。你不是对那人生气，而是对那人违背了你的观念生气。

我们对很多固化的思想、观念习以为常，因此从来不会去质疑它。

那我们该怎么办？首先，我们先了解一些自己根深蒂固的观念，如果不清楚，可以在发脾气的时候去注意一下，我们将会在情绪背后觉察自己的观念。

以前我很受不了做事慢半拍的人，并常为此发火。因为我认为时间宝贵，做事要有效率。后来我仔细想想，其实，问题不在他们，而在于我自己。因为每个人都有自己的习惯和步调，是我的观念让自己不高兴。

我们应该在这些情绪产生时把它分开来，分析哪一部分是事件，哪一部分是自己的观念。譬如一个爱干净的人会看不惯邋遢的人，急性子会对慢郎中发火……其实，只要你不再坚持自己固守的观念，被情绪牵动的折磨会大大减少。

想要改善关系时也一样，你要先了解对方的观念，否则你会不了解他的情绪，会搞不清楚对方为何莫名其妙地生那么大的气，因此，你们之间的冲突也难改善。

当你觉得不高兴的时候，你问自己一个重要的问题："这个不愉快是怎么来的？是不是我的观念造成的？"

当你要对某人生气时，你要记住，你气的不是那个人，而是他违反了你的观念。这时你不妨自问："到底哪一个比较重要？是我的观念，还是我跟那个人之间的感情？"你可以多观察自己生气的时候到底什么样的事情触发自己的情绪，也会更了解自己的观念和执着是什么。

第四章

痛苦，
就是提醒你该放下了

PART 4

第一节
思想是一切问题的根源

你曾想过误解是怎么发生的吗？如果没有思考，你会误解一个人吗？如果你不去想关于我的事情，你会对我有所误解吗？

误解来源于你的想法。如果一只狗对你叫，你不会生气，但如果你的老板、亲戚、朋友大声斥责你，你为什么就觉得受到了冒犯，甚至会抓狂？因为你认为对方是有意针对你。你会想：他凭什么说我？他真是差劲的家伙！我真受不了他！我怎么回击他？别以为我好欺负！然后事情就没完没了了。

突 围

有两个人，他们是老朋友了，但把彼此打得很惨。他们被带上法庭，法官问："怎么回事？你们为什么打架？"

一个人对另一个人说："你说吧！"另一个人说："不，你来说。"

法官说："谁说都无所谓，只要让我知道怎么回事。"但两个人都不讲话。于是法官很严厉地对他们说："快说！"

于是其中一个人开口了：

"这实在有点儿尴尬。其实，当时我们两个人都坐在河边的沙地上，我朋友说他正打算买一头牛。我说：'劝你打消这念头吧，因为你的牛可能会跑到我的田里践踏作物，那我们的友谊就完了。我会宰了那头牛。'

"我朋友说：'你好大的胆子！要不要买牛是我的自由，要是你敢杀我的牛，我也会烧掉你所有的作物！'

"就这样，事情越闹越大，最后我们就打了起来。"

法官说："这实在太愚蠢了！你们一个人连一头牛都没买，另一个人的田地还空着，甚至还没有播种——你们两个却都骨折了。"

第四章 痛苦，就是提醒你该放下了

让你郁闷、愤恨、沮丧的并不是某人或某事，而是你脑子里的想法，你弄清楚其中的差异了吗？

愤怒、烦恼、痛苦提醒着我们，当我们执着于内心的某个负面思想时，此时就该转念了。

就像看电视一样，当你转换频道，所有的画面就只是掠过你的眼前，你可以决定是否要留在这个频道，如果你不喜欢这个节目，不需要生气，只要转台就好。任何思绪被遗忘或抛开时，就表示它已经不存在于你的心中了，而你也不会受它影响，除非你又去想它。

突 围

大家不妨做个小实验，请想想你的鼻子，在你想鼻子之前，它在哪里？没想到鼻子，你就没意识到它的存在，即使鼻子就在你的眼前，对吗？

若没有愤怒的想法，就不可能觉得愤怒；若没有悲伤的想法，就不可能觉得悲伤……

任何情绪产生之前，都会在内心酝酿成念头，如果你能对自己的念头加以觉察的话，那么很多困扰你和让你不快乐的事就不会发生了。

第二节
愤怒起于愚昧，终于悔恨

我们都知道什么是生气，无论是一点点的不高兴，还是完全爆发的暴怒，我们都有所经历。

很多人认为，生气是最好的发泄方式，如果不好的情绪没发泄出来，很可能会生病，但毫无保留地宣泄就好吗？

这当然不好，因为情绪只会引发情绪，发火只会让人越来越火。每个人都是相互影响的，一个人的怒火在发脾气中得到释放，那么，必定有其他人受到影响。如果每个

突 围

人都选择用发怒的方式来宣泄自己的情绪,这世界恐怕永无宁日。

富兰克林曾说过:"愤怒起于愚昧,而终于悔恨。"

无论什么时候,人只要一发怒,就会思虑不周、口无遮拦、表现失态,一发不可收拾。平日机灵、睿智的人可能做出鲁莽冲动的事,犯下愚昧的错误;一个明理、慈爱的人也会失去理智,做出让自己后悔、难过的言行。愤怒的后果,远比它的原因更糟糕。

所以,"不要随便生气"就跟"不要随地吐痰"一样重要。在发怒前你就得想清楚:自己到底在气什么?

你因某人生气,想想看:对方有道理吗?如果对方有理,是自己的过失,你凭什么生气?反过来,如果对方无理,错的是对方,那你又何必生气?别人犯错,你生气,你付出的代价是什么?

狗会咬人,人不会去咬狗。原因很简单,当你"以牙还牙",等于把自己贬低到和对方同样的水平,而对方的言行是你一开始就不认同的。如果你屈服于自己的敌意,就变成和对方一样的人了,不是吗?

第四章 痛苦，就是提醒你该放下了

想让自己消气，一定要知道愤怒的本质。当我们生气的时候，我们坚信是别人做了让我们愤怒的事。

事实并非如此，你的思想才是一切问题的起因。招惹你的并不是别人的言行，而是你对于这些言行的看法。

那么，怎么消除这种看法呢？你只需要明白一个道理：别人的恶行并不是你的错，只有自做的恶行才是你的错。有人对你说三道四，你不火冒三丈，谁不三不四，昭然若揭；他说你邪恶，你却回以良善，谁是邪恶，不辩自明。如果你因别人的错误而做出恶行，那你就是在代替那恶人承担错误，你是在拿别人的错误来惩罚自己。

也许有人会觉得，就这样轻易饶恕，"那也太便宜他了吧"！其实，那不是便宜他，而是看重自己。你不会把手伸进火里，不是因为你怕火，而是知道这样做会让你烧伤。

有句名言："最好是让路给一条狗，不要和它争吵，以免被它咬。因为即使杀了狗，也治不好你的咬伤。"你说是不是呢？

突 围

生气时怎么办？

问自己以下几个问题：

"到底在气什么？"

"值得吗？"

"有用吗？"

"有没有更好的解决方法？"

如果你是对的，用不着发脾气；如果你是错的，不配发脾气。爱发脾气的人，也是最无能的人，因为他不知道还有其他的办法可以解决问题。

第三节
为什么我会有这样的反应？

我们现在的情绪，绝大部分是由过去而来。比如某人说了几句你不爱听的话，你就生气，那个情绪是来自你过去的愤怒，而不是来自现在的你。

当有人批评你、侮辱你，你就立刻还击，因为在过去曾有人批评你、侮辱你，在你的内心形成了一个伤口，现在只要任何人对你说了类似的话，就会触碰到你的伤口。

有位学生想约女友出去，女友回复说："我有很多事要忙，没办法陪你。"

他为此发了一顿脾气："奇怪，为什么我会反应那么激烈？"

"是啊！你为什么会反应那么激烈？"我让他自己想想。每一种情绪感受之所以产生，都有它的道理。在我们的生活中，情绪的功能在于：让我们知道自己怎么了。

像前阵子有位学弟跑来找我，他说："我对上司发火了，因为很受不了他说话的口气，他还否决了我写的企划。我感到又气又恼。"

"别人的话会让你心里不舒服，因为你的心里本来就有个伤口。"我提醒他，"在情绪的底下，往往隐藏着很多旧伤。你的伤可能来自曾受到的挫折，可能是觉得自己无能、不够好、不值得被爱、不受尊重，或者对自己不满。"

以后当有人引发你的情绪时，你不要一开始就认为对方错了。相反，你要往内看，回想一下，究竟以前曾在"何时""何处""与谁"有过类似的感觉。

情绪只是表示每个人对事情的反应。然而，你必须弄清楚"为什么我会有这样的反应"，才不会把不好的情绪转嫁给别人，或是让自己被情绪掌控。

同样，当别人对你有情绪反应时，你别急着反击。你要试着了解那个人，不管你厌恶的是什么，请先了解他的成长背景，了解他的恐惧，了解他曾受过的伤，慢慢地你将发现：那个伤害你的人，其实也是受过伤的人。

有句法国谚语说得好："了解一切，就会宽容一切。"

当你了解到每个人都有着不同的过去，是否能以更大的包容去接纳别人？是否能原谅别人所犯的错误？

当你了解自己也可能曾受过伤，是否能够心平气和地看待自己的挫折与失意？是否能让自己不再被过去的伤痛所左右？

突 围

一位僧人提供了一个静心的方法：首先不要让你自己有逃避的机会，关起房门，不要喝酒、抽烟，关掉电视，不要睡觉。你需要静静地坐着，尽可能地感受痛苦，感受愤怒、伤害、羞辱，而不把这些情绪发泄在别人身上或是侮辱你的那个人身上，因为那也是一种逃避。

如果能坦然面对这些情绪，你将会感到惊讶。当你真切地去感受所有的痛苦，它们就不再是痛苦，你的心因此而蜕变，你会变得更加坚强。

第四节

放下，放过

当我们提到"忘了吧"这几个字时，你的脑海里最先出现的是哪个人或哪件事？是你最想忘的那个人或那件事，对吗？

我发觉人对痛苦似乎有特别惊人的记忆力，他们能记下每一次痛苦、每一个错误。某人十几年前对你说过的话，现在你都记得；有人几十年前伤害过你，那个伤口至今还没愈合；无尽的河水已经流入大海，但你依然没有流出那潭死水。

想想看，那个人和那件事都已成为过去，为什么你现

突围

在还放不下?真正的原因是自己"念念不忘",对吗?

伤痛的记忆源于过去不愉快的经验,我们之所以记住过去的伤痛,是为了防止自己再受到伤害,然而如果我们频频回顾,便"重温"伤痛。

多年前,有一个女孩因被诬陷而坐牢了,尽管后来被释放,但是她仍耿耿于怀。一位智者看到女孩一脸悲伤,问她怎么回事。

这个女孩泣不成声地说:"我好惨啊!我多么不幸啊,这辈子都要疗愈旧伤。"

听完她的陈述,智者对她说:"这位小姐,你是自愿坐牢的。"

这个女孩被智者的这句话吓了一跳,说:"你说什么?我怎么可能自愿坐牢?"

智者对她说:"你尽管已经从监狱里出来了,但是你的心还心甘情愿地被关在牢里,那你不是自愿地坐在心中的牢狱里吗?"

让你难过的那个人或那件事都已经过去,现在让你难过的是什么?

第四章 痛苦，就是提醒你该放下了

事实上，无论是什么痛苦，我们对"过去事件"所感受到的一切，都是"现在"创造出来的。就好像很久以前，有人把我们关进笼子，后来笼子不存在了，可是我们依然挣扎，为什么？是因为我们自己还抓着笼子，对吗？

突 围

常有人问:"要放下谈何容易?"但请你想想,我们一方面想要幸福,又不愿忘掉不幸,岂不是更难?

所谓"放下才能放过",当你愿意放下那个人,不再执着于那件事,你会发现你也放过了自己。

第五节
逝者已矣，来者可追

当我与别人谈论过去时，我总发现许多人心怀遗憾地过日子：他们也许是做错了某个决定，也许是被朋友背叛，也许是伤害了某人，也许是梦想破灭了，抑或是失去了心爱的人、事物。我们浪费了这么多的精力和时间，为过去感到内疚或自责，这不但加重了我们的心理负担，也容易让我们不快乐，更重要的是：再多的遗憾，也改变不了任何事。

有一则故事：某个女孩遗失了心爱的手表，一直闷闷不乐,整天茶不思、饭不想,最后甚至还病倒了。

　　长辈去探望她,了解情况之后,便微笑着问道:"如果有一天你不小心掉了1000元钱,你会不会选择干脆再扔掉20000元呢?"

　　女孩讶异地回答:"当然不会。"

　　长辈又说:"这就对了!那你为什么要让自己在丢掉了一块手表之后,又另外'丢掉'两个星期的快乐,甚至还赔上了两个星期的健康呢?"

　　女孩大梦初醒般地跳下床,说:"对!我拒绝再损失下去,从现在开始我要想办法再赚回一块手表的钱。"

　　让我举个简单的例子:如果你正在旅行,在前往巴黎的途中,乘船横渡英吉利海峡,那你将很容易遇上汹涌的海浪。你抵达法国后,如果还将时间用在抱怨惊险的航程上,那么你停留在巴黎享受假期的时间就会减少。常识会告诉你,你应该尽快忘了这段不愉快的航程,充分把握眼前的一切。

　　有一对失业的年轻夫妇在早市摆摊子,他们靠微薄的收入维持着一家五口的生活。这对夫妻,丈夫喜欢养鸟,妻子喜欢养花，即便失业，鸟笼里依旧传出悦耳的鸟啼声，阳台上的花儿依旧鲜艳夺目。失业后的他们，收入减少许多，却仍快乐不已，邻居们都感到相当诧异。

一天，记者去采访他们。丈夫说："我们虽然无法改变目前的境况，但是我们可以改变自己的心态。"妻子说："我们没了工作，可是不能没有快乐，如果连快乐都失去了，那活着还有什么意思？"

是啊！不管你失去了什么，千万不能再失去你的快乐。

"逝者已矣，来者可追"，我们应该停止为过去悔恨的愚蠢行为，把精力集中在"现在我能做什么"，而不是"当时做了什么"，若能如此，我们将从失去中成长很多。

没有人能在事情发生前就知道结果。既然不知道,我们又能怎么样?

你实在没有必要为了过去"还不知道"的错而痛斥自己,难道错误给你的打击还不够吗?

第六节
你不紧抓着念头，它自然会消失

"我常有负面想法，怎样才能把它除去？""当负面情绪产生时，我该如何放下？"

"当你的手碰到火时，你需要别人提醒你把手拿开吗？"每当有人问我类似的问题，我总会这么反问他。只要你感受到火带给你的灼热之感，你的手便会自行移开。同样，当你认清某个让你感到痛苦的想法时，你自然就会摆脱负面情绪。

在《零阻力的黄金人生》一书中，作者曾提到"气球

突 围

"练习"的观点,我觉得很适合作为我们日常生活中的"放下练习"去实践。方法如下:

你买回气球后,请把手上的气球吹起来。你要把气球吹大一点儿,但不要吹破了,然后用手捏住吹气口。

然后,请你回答以下几个问题:

* 请摸摸这个气球,现在这个气球绷得紧紧的,因为里面充满了什么?

* 这个气球里的空气是谁吹进去的?

* 如果我们决定把手松开,接着会发生什么事情?

* 这个气球里面的空气很想做的一件事情叫作……?

* 气球里的空气之所以没办法做到想做的事情是因为……?

当你回答完以上问题后,把手松开,看看会发生什么事情。然后,你接着回答以下问题:

第四章 痛苦,就是提醒你该放下了

*要让气球里的空气出来,除了放手之外,你还能做什么吗?

现在,请你闭上眼睛,试着回想一件你最近在担心、烦恼或痛苦的事情。你尽可能地在心里"看见"那件事情,然后观察自己胸口(情绪中心)有什么感受。你是不是感到闷闷的,甚至觉得呼吸有点儿不顺畅?

我们再来做个类比:把你手上的气球当作是你的感受,然后回答以下几个问题:

*这股称为"感受"的能量之所以压抑在这里卡得很不舒服,是谁造成的?

*积压在你情绪中心的能量很想做的一件事情叫作……?

*这些能量之所以没办法做它想做的事情是因为……?

*如果我们能决定放手,然后真的放手,接着会发生什么事情?

突　围

当你回答完这几个问题后,把手松开,想象随着气球里的空气被释放出来发出的"咻"的声音,压抑在你心里的感受能量也随着消散掉。

第四章 痛苦,就是提醒你该放下了

你现在回想那件令你担心、烦恼或害怕的事情,并观察自己胸口附近的感受。相较于练习之前,你是否感到积压在内心不舒服的感觉有所减轻?

第七节
我们要如何放下负面情绪和想法？

想想，你如何松开手中烧烫的石头？如何放开紧绷胀满的气球？

你只要不再紧抓着就好。

许多人试图改善负面思考，效果总是有限，原因就出在他们太认同那些原本空的念头，然而如果你认同它们，就等于给予了它们生命。所以，重点不在于改善或处理负面思考，而在于你如何了解它。

一般人平均每天约有上万个念头浮现又消失，每个念头都是从一个极微小的念头开始，然后逐渐扩大，从一个

第四章 痛苦，就是提醒你该放下了

小气球变成大气球，然而无论你的感受有多强烈、多痛苦，只要你不继续吹气，气球就开始变小，当你放下，它就消失。如同有时你想到一件事，后来因接了通电话或做了某件事，突然就把那个念头给忘了。

坦白地说，我有时还会有负面思绪出现，不同的是，现在我知道"这不过是一个念头罢了"！我不必因它们出现便加以反应。一旦我不紧抓着念头不放，它不久就会烟消云散。

突 围

  我们常常被自己的念头所困,无形的枷锁让自己动弹不得,然后我们还抱怨:"心里很不舒服!是某人害我这样!"

  智者说:"没有人能给我们痛苦,只有自己给自己痛苦。"人之所以痛苦,在于坚持错误的想法,在于追求错误的东西,在于紧抓着错误不放。

  痛苦,就是提醒你该放下了。

第五章

错过，
就是你人在心却不在

PART 5

第一节
慢下来，幸福就不会擦肩而过

忙！忙！忙！世界在快速运转，人越来越匆忙。大家忙学业、忙事业、忙家事、忙公事、忙研发、忙生产、忙营销、忙赚钱，忙得焦头烂额，忙得忘了自己为什么而忙。

因为匆忙，我们丢失了心灵深处的平静；因为匆忙，我们忘了欣赏生命旅途中的种种风景；因为匆忙，我们没时间回家看看，没时间与好友聚会，甚至没发现父母渐渐老去，妻子或丈夫变得越来越陌生，孩子已经长大；因为匆忙，我们忽略了四季的更迭，就这样不知不觉地过了一

突 围

年又一年。

　　有这样一则童话小故事，非常有趣，又让人深受启发。
　　有一天，公交车开得很慢很慢，因为有一只巨大的大象上了公交车。大象坐在司机旁边低着头，不知道在想什么。司机努力地踩油门，但是公交车还是跑不快。公交车开得很慢，比平时走路还要慢，车上的乘客得以有机会清楚地看见车窗外的景物。
　　小狗看见了一个多年不见的老朋友正在公园门口卖棉花糖，它从前认为那是个陌生的公园。小猫发现花圃里有一朵蓝色的小花，从前它认为那是很普通的红色花圃。小兔子看到了一所彩色的房子，从前它认为这座城市只有很难看的灰色房子。小松鼠看见了一个种满花的窗台，从前它认为没有人有空种花了。小猴子看到一群孩子在喷水池里快乐地玩水，从前它认为大家都很不快乐。
　　那一天，公交车走得很慢很慢，大家都忘了下车，因为车窗外有很多"新鲜"的事物。大象看着车内发呆的人，从前它认为大家都只忙着生活忘了发呆。

第五章 错过，就是你人在心却不在

当我们喊着自己很忙的时候，我们的心是不是也"茫"了？眼，是不是也"盲"了？

你发现墙角的野草开花了，围墙边的树也结了果实，画眉开始一只一只地飞来，附近新开了一家咖啡店吗？

别总是匆匆忙忙的，我们只有让生活的脚步适当地慢下来，才能尽情地感受周遭的事物。一位老同事工作能力强又十分努力。有一天，我和老同事在咖啡馆巧遇，我好奇地问她："你怎么如此有闲情逸致？"她说自己是个急性子，经常做事匆匆忙忙的，连吃饭也一样，赶快吃完了事。现在她常以"放慢脚步享受人生"来提醒自己，就算喝一杯咖啡，也一边慢慢地享受咖啡浓郁的香气，一边享受从容不迫的悠闲。这位老同事自从这样做以后，每天都能发现让自己开心的事，心情也变得越来越好。

我想起张潮在《幽梦影》一书中说："人莫乐于闲，非无所事事之谓也。"闲则能读书，闲则能游名胜，闲则能品茗，闲则能交益友，闲则能安适情绪。人生之乐，莫过于此。

是啊！人何必急于一朝、争于一时呢？忙中偷闲，泡

突 围

一壶茶，躺在草地上晒晒太阳……套用一句广告词，"世界越快，心则慢"。让生活慢下来，这样幸福就不会与你擦肩而过。

第五章 错过，就是你人在心却不在

从现在起，你不管做什么，都试着让自己的动作慢下来吧。

你试着慢慢地走路，慢慢地吃饭，慢慢地喝水，慢慢地说话，于是你的呼吸和心跳也开始慢下来，于是世界不再那样匆忙地转动，于是你的感觉变得平静且深刻，于是你开始有闲情逸致去细细体会周遭美好的一切。

你把心慢下来，呼吸便慢下来，生活也会慢下来。

第二节
一次只做一件事

　　你是否觉得自己就像杂技演员那样,终日劳碌不停?比如你是否一边看电视,一边聊天,同时玩手机?你是否一边打电话,一边整理手上的邮件,并且把晚餐放进微波炉?

　　你是否总是魂不守舍,常因为恍惚而打破东西、打翻水盆、丢三落四?你是否经常还没有细细品尝食物的滋味儿,就已经将它吞下肚?

　　你是否总是在想接下来还要做什么事,却没注意到,自己现在在做什么?

第五章 错过，就是你人在心却不在

要让自己在失控的生活中变得专注起来，最简单的方法就是：一次只做一件事。如果读书，你就专心读书；如果睡觉，你就好好睡觉……不要再去想别的事情。

当我们在做一件事情时，如果我们心不在焉，身心没有真正地合一，往往会顾此失彼。当我们做完那件事情，如果在下一刻想着上一刻有哪些事情没做好，那么下一件事也会受其影响，结果是一件事情也没做好。

例如：今天我们花了好几个小时担心明天一场很重要的考试，我们就没办法专心念书。如果我们躺在床上整晚睡不着觉，为那些没弄懂或者没学完的知识而烦恼，到了明天考试我们一定精疲力竭，导致考试没考好。

我每天都要写作，除了给报纸与杂志的固定专栏写文章，还要处理一些临时的稿约和给读者回信的事情。比如我本周必须写完3篇文章，第一天我就开始想，要写哪3篇文章，想到最后，可能一篇文章都写不出来，因为3篇文章的主题、对象不同。后来，我开始一次只思考一篇文章的主题，专心写好了，再去想第二个主题。这样不但能如期完成文章，我也不再焦虑。

突 围

想象一下,当你参加比赛时,你必须将两头猪抱到100米远的地方,如果你先抱起一头小猪,接着又抱起另一头小猪,那你就得不停地重复这个动作了,因为老是有一头小猪会从你的臂弯里溜走。

有一位举世闻名的意大利指挥家,人生阅历丰富,去过很多地方,指挥过无数的乐团,也见过无数的名人。

当他80岁时,他的儿子有一天好奇地问他:"在您的一生中,一定发生过很多重大的事情,您觉得自己做过的最重要的事情是什么?"

指挥家回答:"我现在正在做的事情就是我一生中最重大的事情,不管是指挥一个交响乐团,还是剥一个橘子。"

他说得对,当你无法专心地吃橘子时,你会一边吃着橘子,一边想着下一刻要做什么,那么你就无法细细品尝橘子的味道,同时也失去了吃的乐趣。如果你不能专注当下,那你在任何时候都很难专注,会永远被下一件事情拖着走。

你可以随时用"此刻"这两个字提醒自己,专注于当下,做好当下事:此刻,我正在读书;此刻,我正在散步;

此刻，我正要睡觉；此刻，我正在和朋友聊天；此刻，我正在品尝甜点……

请记住，你要回到此刻，专注当下的每一件事，其他的都不重要。

突 围

对我们来说,很多时候事情就是这么简单,我们应该一次只做一件事。

当你全神贯注于手上的事情时,你就不会想下一步的计划或者想刚才做得好不好,也不会耽搁或者担心还没做的事情,就可以从繁杂的事务中解脱出来。

当你全心地投入到当下所做的事情中时,你自会得到想要的结果。

第三节
人在哪里，心在哪里

当你的身体在做一件事情时，你的心在做什么？

小明正在准备考试，才看了3页书，他的心思早就飞上九重天。虽然他的眼睛在盯着每一个字，脑子里却想着昨晚的电影剧情。

刘女士带小孩儿到公园散心，心里却想着回家后要做的事：煮饭、拖地、晾衣服，还要到便利店买鸡蛋、付钱。

张先生正在跟女友喝下午茶，在夕阳余晖下，他们如痴如醉地听着轻柔的音乐，这时张先生竟然问女友："我们要不早点儿离开？太晚我怕会堵车。"眼前的浪漫氛围一下

突围

子荡然无存!

错过，就是你的人在那里，心却不在那里。例如，许多人喜爱意大利小提琴协奏曲《四季》，十分悦耳。但是，无论你用多好的音响，音量调得多高，如果此刻你还想着你的投资，想着股票是涨是跌，想着何时获利出场，基金要申购哪一只，高收益债券基金可以买吗……你还会有任何感动吗？

有一则老故事。

某天，国王与王子去打猎。在狩猎现场，一只兔子从草丛里蹿出，王子弯弓搭箭，正准备射箭时，忽见一只梅花鹿从他的左侧跳了出来，于是他急忙把箭头对准梅花鹿。这时候，又有一只羚羊从他的右侧跳了出来，王子又将箭头对准羚羊。

忽然，有只苍鹰从树林中飞了出来。王子最终选择了这只苍鹰，正要瞄准时，苍鹰已迅速在空中画出一道弧线逃往远处。等到王子回过神来，先前的目标早已不见了，他拿着弓箭比画了半天，结果一无所获。

其实，多数人的一生也是这么错过的。你急着上班或

第五章 错过，就是你人在心却不在

上课，狼吞虎咽地用完餐，错过了品尝美味佳肴的美好心情；你虽然坐在教室或者办公室里，心里却盘算着周末度假的事情，又错过了专注工作的乐趣；你到外面散心又想着待办的工作或者未完成的作业，又错失了沿途的美景……你从来没有专注当下的生活，当然享受不到生活带来的美好体验。

日本有句俗谚："勿思明日樱花在，夜半风来花瓣落。"这句话是说，你要赏樱花不要期望明天，贵在能掌握今天，说不定夜半一阵风来，把花瓣吹落满地，明天你就再也无法看到美丽的樱花了。

很多人在临死前常会追悔自己的一生，觉得自己白活了，如果能够重新开始，一定选择过"完全不一样"的生活。然而现在一切都太迟了，时间所剩无几，他才惊觉自己错过了，才觉得自己从来没有好好活过。

这该多么悲哀啊！多数人临死时并不是心平气和的，他们并不想死，因为他们错过了，错过了体验，错过了欣赏，错过了欢乐，错过了所有。生命就这样结束了，他们当然不甘心。

突 围

你到一个地方,首先要问自己:"我为什么会在这里?"然后,你要问一个根本问题:"我在不在这里?"我指的不是你的身体,而是你的心,是不是在你所在的地方?

第五章　错过，就是你人在心却不在

无论你的心如何徘徊不定，你的身体一直在此时此地。何不让自己放松下来，安于当下，专注在眼前的事物上？

第四节
一期一会

　　我很喜欢日文中的"一期一会"这个词。"一期"是指人的一生,"一会"则意味着仅有一次相会。"一期一会",指人们把每一次相遇的机会都视为人生中唯一的一次。

　　日本茶道家千利休感悟道:"我们现在喝的这碗茶,就是独一无二的一碗茶,以后再也不可能出现相同的一碗。"

　　大家想一想,如果我们每次喝茶时,都怀着这碗茶是此生唯一的、最后的一碗茶,可能以后再也喝不到了的心情,自然会想缓慢安静下来,去好好品尝此生最后一口茶的味道。

第五章 错过，就是你人在心却不在

许多服务业也以此理念来服务顾客。从业人员把每一位客人都视为这辈子最后一次款待的人，竭尽所能地珍惜每一次相遇。

人生无常，人与人之间的缘分往往成了人生偶然路过的风景，缘分可不可以重来，人与人会不会再会，谁也不知道。一想到可能以后再也见不到这个人了，我们是否会把每一次相会都当成是唯一的、仅有的一次来珍视呢？我们是否会及时把握、珍惜眼前的幸福呢？

"人生啊！当下都是真，缘去即成幻。"因为"当下都是真"，所以我们面对眼前的一切，都要认真地活；每一次，我们都要深刻地去体验；对待每一个人，我们都应该一期一会般去珍惜。因为"缘去即成幻"，所以当事过境迁，就让过去成为过去吧！毕竟，曾经拥有，就曾经幸福过，不是吗？

突 围

> 在每一个当下，我们只有一个机会，要么去体验它，要么就错过它。我们无法再回到当下，即使重来，也不再是当时。
>
> 人生无法重来，我们好好把握当下吧！

第五节
你现在不快乐，你一定不在现在

"我为什么总不快乐？"每当有人这么问我，我总会反问他："你为什么总是去想那些不快乐的事？"

请你留意一下自己心情不好的时候，你的心在哪里。你不是想着过去，就是想着未来，怎么可能快乐呢？

然而，此时此刻，如果你专注当下，专注现在做的事，不去思考过去和未来，你就不可能不快乐。

人们常说："喜悦，就要活在当下。"为什么？

因为当下有真切的体验。比如，当你看到美丽的青

突 围

山、绿水、花朵，被它们深深迷住时，你只是纯粹地欣赏，并没有做任何思考，因此你会感受到当下的幸福美好。

然而，当你开始去想自己生活中的问题，当你沉浸在自己的念头里，专注在自己对这些麻烦的感受和如何解决它们的想法上时，那么，突然间，你将看不见溪流、嗅不到花香、感觉不到微风轻拂，所有这些知觉都会消失，内心的喜悦也会跟着消失。

你坐在那里休息，突然想起了某个人，想起他说过的话，心里很不舒服，然后你开始想下回见到他时你要怎么做，不理他，还是给他一点儿颜色？还是……想到以后等你有能力时要怎么报复他？思考已成了一种习惯，人们总爱胡思乱想，这便是一个人经常不快乐的原因。

请你反思一下自己曾花费多少时间和心思在过去上，在记忆中挖掘痛苦，让自己感到愤愤不平、挫败沮丧。接着，你开始想象未来，开始担心、怀疑，变得恐惧、怯懦。你的焦虑、烦恼不都是来自一些尚未发生的事吗？

如果你现在不快乐，你一定不在现在。

第五章　错过，就是你人在心却不在

快乐在哪里？其实就在我们心里。当你全然处于当下，你会感到无比放松；当你全然活在当下，你就会发现，快乐不请自来。

当你完全不去思考任何人或事,不会悔恨过去或忧虑未来时,你就不会感到不快乐。

你对过去和未来漠不关心,就无法感到痛苦。

不念过往,不畏将来,活在当下,你的身心自然得以安顿。

第六节
别去想，只要看

假如你曾经消沉过，我想你一定也听过无数次来自好心人的建议，要你乐观积极，要你想开一点儿。

但是，这有用吗？因为事情没有发生在他人身上，所以别人很难理解一个失意的人根本不可能积极地思考。你也知道要往好的方向想，但自己就是做不到，对吗？

你用一个想法来否定另一个想法，在相互对立的想法中来回横跳，最终跳出自己的想法了吗？并没有。你可以否定你的想法，但否定的人是谁？仍然是你。你只是在一个恶性循环里面打转，无法走出来。

突 围

那我们要怎么办？答案是别去想，只要看。首先，"观看"你的思想、念头，就像走进电影院看电影的观众，你会发觉，自己的念头不断地来来去去。

"我有想法，但'我'不是我的想法；我可以处在各种烦恼之中，但那些烦恼并不是我。"当你觉察到这一点，内心将变得平静，即使让你感到烦恼的事并不会因此消失，你的思想也不会再困扰你。

你现在试试看，不用着急去排斥那些糟糕的心情，而是放任它，让自己沮丧，然后看看会发生什么事情。

你将会发现，自己是无法一直沮丧下去的。一旦你接受沮丧，就不可能陷入这种情绪太久，没有一种情绪会一直停留，每一种情绪都会变化。如果你仔细"观看"自己的心情，你是无法保持同一种心情的，甚至在下一刻你的心情也变了。

情绪来来去去，如果你不执着，它便无法久留，如果你不排斥，它自然会消失。

第五章 错过，就是你人在心却不在

静坐的道理就在这里，你只是坐着，什么事都不做，你的心就会慢慢地安定下来。愤怒在那里，就让它存在；悲伤在那里，就让它存在。你不用说"我要停止负面想法"，否则你又落入同样的思考模式中；不用说"我心里很烦，走开！杂念，别来烦我"，当你这样说时，说明你已经开始心烦，你的杂念又开始如浮云纷飞。记住，奥秘就是静静地，不要做任何事。

当杂念进来时，你就让它进来；当念头离开时，你就让它离开。船过水无痕，鸟飞不留影，此即"随相而离相"。

有这样一句哲言："湖水搅动，一无所见；湖水静默，一览无遗。"水若平静，则清澈见底，鱼虾沙石都可以一目了然；反之，水若不平静，则一片混浊，什么都看不见。

负面情绪就好像污浊的河水，当面对它时，你能做什么呢？你只要坐在河边，河流在缓慢流动，泥沙自然沉淀下来，而枯叶、垃圾会顺流而下，然后河流会变得干净、清澈。你不需要进入河里去清理，如果你去清理河水，反而会将它搅动得更混浊。

"青山原不动，白云自去来"，心灵故乡就像苍翠的青

突 围

山一样,始终是不动的,动的只是那起心动念的白云。

　　别去想,只要看。你看那些云朵来来去去,也无法扰动山峦。

人们之所以会心烦意乱，不能纯粹与单纯地去"看"。

你只需要尝试这个小小的策略：一些事好像并非发生在你的身上，而是发生在别人的身上。如同在看小说或电影，你只是个观众。即使你在某些时候可能完全沉浸在剧情中，但大多数情况下，你是完全超然的。

当你开始不再认同这些负面情绪，转而成为观察者的时候，你的内心自然会平静下来。

第六章

当你学会面对死，
就学会如何活

PART 6

第一节
生命是不等人的

长久以来，多数人以为幸福是"以后"的事。我们看到很多人虽然口中经常念叨要去做某事，要去度假，要和家人共游，却一再推迟，"等事情解决再说""等我升职再说""等我签下这份合约再说""等孩子长大再说""等我退休再说"……

有位患有焦虑症的女士，除了承受工作上永无止境的压力，还要处理小孩儿的诸多杂事。我告诉她应该好好度个假，放松一下，她却说："等到了暑假再说。"为了等到"完美的生活"，我们不知错过了多少美好的时光。人生难

突 围

道只是一连串的等待与无奈吗?

作家艾佛列德·德索萨写下了一段发人深省的话:

长期以来,我都觉得生活——真正的生活似乎即将开始。可是总会遇到某种障碍,如得先完成一些事情——没做完的工作,要奉献的时间,该讨的债,等等,之后生活才会开始。最后我醒悟过来了,这些障碍本身就是我的生活。

最终,我领悟到,原来根本没有通往幸福的道路,幸福本身就是道路。因此,我们应该更加珍惜与重要的有缘人相处的每一刻,甚至要把大部分的人生用在这些美好的体验当中,不要觉得可惜。

我们要即时去做那些让自己、让在乎的人觉得幸福的事,不要再做所谓的等待——等自己读了好大学,完成学业;等自己拥有完美身材;等自己买了名车;等自己得到生命中所渴望的最完美的事物;等自己年华老去之后,才开始追求幸福。当下,就是我们追求幸福最重要的时刻。

第六章 当你学会面对死,就学会如何活

人生并不出售双程票,失去的永远不再回来,我们将希望寄予"某个特别的日子",不知失去了多少本可拥有的幸福。

我有一位病人就是如此。这位病人突发脑血栓后人生草草结束,他最大的遗憾就是"未曾好好享受人生"。

一个朋友的妻子一直想到意大利旅游,这是她唯一的愿望。只是,我这个朋友老是说,要等到房贷付清,等孩子长大再去。如今,房贷付清,孩子也都毕业、成家立业了,妻子的这个愿望却一直未能实现。她去年过世了。朋友无比遗憾。

所以,我们不要说将来有一天想过的日子会来临,想做什么,现在就去做,因为生命是不等人的。

我听说有一位音乐家,因故被判了死刑。在被执行死刑的前一天晚上,他在牢房里居然拉起了小提琴。

狱警也不知是基于同情还是觉得难以理解,跑过去问:"你明天就要死了,还拉琴做什么呢?"

音乐家一脸迷惑:"我现在不拉,那你说,我要等什么时候才拉呢?"

突 围

生命就像一张几十年的旅游券,在这几十年当中,每个人可自行安排自己的旅程。你可别拿着旅游券站在原地,生命中大部分美好的事物是不等人的,千万别让自己徒留"为时已晚"的遗憾。

快乐更不需要花几年、几个月、几个星期、几天去寻找或等待，它就在现在。你现在就可以快乐起来，如果你喜欢唱歌、喝下午茶或跟小孩儿在一起玩耍，不必等到当歌星，等到去巴黎或到儿童乐园。

爱尔兰有句俗话："现在的一件好事，胜过以前的2件好事以及可能不会发生的3件好事。"我们应该学会去享受今天刚钓到一条鱼的快乐，不要去想昨天钓到的已经发臭的2条鱼，或者明天还不知道会不会上钩的3条鱼。

你觉得幸福的事，就赶快去做。

第二节
这辈子最好的时候就是现在

人在小时候都希望赶快长大，等老了又期望回到年轻的时候；独身时想结婚的幸福，结婚后又想独身时的美好；孩子还小时我们告诉自己"等小孩儿会走路就轻松了"或是"等他们青春期过了就好了"，然而讽刺的是，当孩子长大成人后，我们却希望时光倒流，重新来过——"孩子小时候多可爱啊""我真怀念他们还是宝宝的时候"；以前我们总是抱怨没时间休闲运动、享受人生，希望早点儿退休；真退休了又抱怨日子太无聊。

我曾读到一篇文章:"几岁是生命最好的年龄?"电视节目主持人向很多人问了这个问题。

一个小女孩儿说:"刚出生几个月,因为你可以被抱着走,可以得到很多的爱与照顾。"另一个小孩儿回答:"3岁,因为你不用去上学,可以整天玩耍。"

一个青少年说:"18岁,因为你高中毕业了,可以开车去任何想去的地方。"

一个女孩儿说:"16岁,因为你可以打耳洞。"

一名男士回答说:"25岁,因为你有充沛的体力。"这个男人43岁。他说自己的体力越来越差。他25岁时,通常午夜才上床睡觉,但现在晚上9点一到便昏昏欲睡了。

一个3岁的小孩儿说:"生命中最好的年龄是29岁,因为你可以做几乎所有你想做的事。"有人问她:"你妈妈几岁?"她回答说:"29岁。"

某人认为40岁才是最好的年龄,因为这时经济和体力都达到高峰。

一名女士回答说:"54岁,因为你已经尽完了抚养子女的义务。"

另一名男士说:"65岁,因为可以开始享受退休

突围

生活。"

最后一个接受访问的是一位老太太,她说:"每个年龄都是最好的,享受你现在的年龄。"

在对的时间做对的事。我也是这样教育子女的,该玩乐时要玩乐,该读书时要认真读书,谈恋爱时就好好谈恋爱。在每一个年龄就做那个年龄该做的事。如果你把一切都打乱,这样不仅会搞砸你现在的人生,到了将来你也会后悔。你18岁的时候去做30岁的事,大概率做不好;到了30岁时,你又要做些什么呢?

人们经常说:"如果人生可以重来,我希望……""如果能再年轻一次,我们要去做不同的事。"为什么这么说?因为他们错过了那个年纪该做的事。

年少时,我们常对梦想和青春充满热情,却不免无知彷徨;等到年纪大了,虽有能力、有智慧,却未必有足够的动力和体力去追寻目标。

人到了一定年纪,常遗憾自己错过了什么,期待完成未了的心愿,只可惜想归想,就算有机会实现,也已人事皆非,人的心境和感受截然不同。

第六章 当你学会面对死，就学会如何活

我们常听到许多人的遗憾：上班族总怀念自己的学生时光，主管觉得当年做员工时人际关系简单，成年人觉得还是当孩子的日子最无忧无虑……只可惜每个人生阶段都无法重来。

这辈子人最好的时光就是现在，好好珍惜把握吧！

第三节
如果你突然知道自己快死了

一位长辈一直健健康康的,有点儿小毛病一检查竟已是癌症晚期,时日不多了。我们去看他的时候,他的气色其实蛮好的,他还和我们谈笑风生。走出病房,我才知道,他原来还被蒙在鼓里,家人、亲友都不敢告诉他实情。我不知道这对他而言究竟是幸运还是不幸。

"就这样让他毫无准备吗?"回家的路上,我想了许多问题:可怕的是死亡,还是我们从未认真面对它?如果知道自己快要死了,我们是否能随时做好准备?

第六章 当你学会面对死,就学会如何活

死亡是一则不凡的启示。就是因为有死亡,人们才开始审视自己的生命、生活方式以及确定什么才是最重要的事。死亡,或许带给人悲伤,但能让人更了解生命的意义。

一位心理治疗师至今已陪伴无数癌症晚期患者走过人生的最后旅程,曾针对病患写过一份报告:

> 当病人坦然面对死亡以后,反而活得比生病以前更丰富、更开阔。很多病人都表示,他们的人生观自此有了戏剧化的转变。他们不会在意琐碎的小事,并且产生了自主感,不再做不想做的事,也能开诚布公地与亲人、好友沟通,完全活在当下。他们不留恋过去,也不期待未来。当一个人不在乎生活琐事之后,会更懂得感谢世上的一切,包括季节的变化、飘零的落叶、逝去的春天,尤其是别人的关爱。我们一再听到病人说:"为什么我们要等到被病魔折磨成现在这副德行后,才懂得珍惜和感谢人生?"

如果你突然知道自己快死了,会怎么样呢?你还会想买新车或换房子吗?你还会去挂念谁占了你的便宜,谁对

不起你吗？你对物质的欲望大概会立刻消失。如果即将离开人世，你绝不会把时间浪费在和人争吵上，那对你来讲已经无关紧要；你也不会再去追求更多的东西，因为已经没有意义了。

现在每个日出、日落、晚霞、星空将是很重要的事，因为你每看一次就少一次。现在你必须很认真地看它们，否则以后再也没有机会了。

现在爱已经变成第一要务，在你以为自己会活得好好的时候，你对爱很吝啬，因为你可以等明天或后天再爱，但现在已经没时间等了。

现在你就不会再如此匆忙，而是放慢脚步，让一切都慢下来。你会把自己想做的事变成第一优先的事，会全心全意地好好生活，善用每一分钟。

应该有人提醒我们随时做好准备，因为死亡并不像我们想象中的那么遥远，它随时会发生。一场大病会让人体验到生命的脆弱；一场意外事件会使人发现死亡近在咫尺；被医生宣告生命还剩下几个月的病人更会明白，无论自己是否愿意，都必须面对死亡。

为死亡做准备的最好方法就是"死前先死过"。

你可以在每年年终想一下，如果明年是自己的最后一年，你最想做的是什么，然后将此列为优先完成的事项。如果你想要更细致，就列出来每月、每周，甚至每日去做的事情。

每天早晨醒来，你问自己："如果我今晚死了，我会后悔有哪些事情没做吗？"

有时，不知道该不该做某件事情的时候，你一样可以这样问自己："假设我将要死去，我会怎么做？"事情重要与否，你的心自会给出答案。

当你学着面对死亡，你就会学会如何生活。

突 围

> 如果你在临终时才想起要做些不同寻常的事情，那么当下的生活并不是你完全想要的。
>
> 你可以经常回顾自己的人生：这辈子自己做了什么？自己想做的事情都做了吗？自己有没有真正快乐过？生命行至今日，自己有没有因欠缺什么而感到遗憾？
>
> 你可以这样问问自己：当生命终了时，你会不会希望自己曾经是另一种活法？那为什么不现在就这么过呢？

第四节
你可以孤单，但不许孤独

每当你一个人的时候，你也许会变得局促不安，心里空落落的。现在你要做些什么事情才好？给别人打电话，还是出去走走？那要找谁？去哪里？去逛街、看电影或是去串门，总之就是不要单独待着。

事实上，孤单是生命本然的现象，你孤单地出生，孤单地死亡，本来就是单独的。你或许可以结交朋友、找情人或混在人群当中，但是你仍是孤单的。然而孤单会让人害怕，会让人有一种死亡的感觉，这就是为什么人们对"失去关系"感到悲伤，那会让人意识到自己是

突 围

孤单的事实。

有一个故事颇为引人深思。

在一堂课上,有个老师对学员说:"今天我们来探讨哪些人陪伴你走人生路。我们请一位同学上来,写出常伴自己左右的究竟是哪些人。"

一个女学员自告奋勇地走上台,只见她满脸幸福地写出一些人的名字:父母、丈夫、儿子、爷爷奶奶、阿姨、堂妹、朋友、同学、同事、邻居……

老师接着说:"请你画掉你认为最不重要的人。"她画掉了一个同事的名字。老师又说:"请你再画掉一个。"她接着画掉一个邻居的名字。在她画掉一个又一个名字之后,黑板上只剩下了父亲、母亲、丈夫和儿子的名字,此时教室里一片寂静,学员们交头接耳:"这真是一堂严肃的探讨课。"

老师平静地说:"请再画掉一个。"女学员迟疑着,艰难地做着选择,举起粉笔,画掉了父亲的名字。"请再画掉一个。"老师的声音又传来。她非常痛苦地举起粉笔,画掉了母亲的名字。老师等她稍稍平静,又说:"请再画掉

第六章 当你学会面对死，就学会如何活

一个。"

那一刻，她严肃地画掉了丈夫的名字，随后泪汪汪地将儿子的名字也擦去。此刻黑板上已经一个名字也没有了。

老师问："你为什么将他的名字擦掉？"

她若有所悟地说："随着时间的流逝，我们都会长大分离，父母有他们的生活安排，也大概会先我而去；丈夫有他的交际应酬或者工作，我无法要求丈夫一定要永远陪伴我；就连现在唯一黏着我的儿子有一天也将长大，会有自己的家；只有我能陪着自己慢慢老去。"

这样的人生真相，我们越早明白就越能以豁达的心态面对。人生仿佛一场旅行，途中的风景再美，我们也不能将之收入行囊带走，生命中所有的因缘聚合也终将因缘而各奔东西。

学习孤单就是认识真相，如果你真的了解真相，那么当有人离开你，你不会觉得孤独，因为你并没有失去谁，反而是找回了自己。

你可以享受一个人的自在，享受一个人的旅行，享受

突　围

一个人的咖啡，享受一个人的单纯快乐……你可以孤单，但不许孤独。

孤单是一件很美好的事情，代表从此你不再受别人影响，是自由的。你觉得空虚寂寞，那是因为当你孤单时，你不是真的孤单，想有人陪。

孤单并不是孤独，二者是完全不同的向度。孤独是需要别人陪着自己，而当别人离去时你也失去了自己；孤单是做自己，一个对自己感到绝对满足的人，即使别人不在，也可以享受自己一个人的时光。

第五节
没有什么是一直属于你的

有一个观光客慕名前去拜访一位老师父。多年来，观光客已经听闻不少这位师父的事情，非常期待能见到这位老师父。当他走进老师父的房间时，他感到很惊讶，因为房间内空无一物！怎么会连一件家具都没有？这个观光客难以置信地问："先生，请问你的家具在哪里？"

没想到这位老师父反问道："那你的家具又在哪里？"

观光客笑着说："我是这里的游客，当然不会扛着我的家具到处乱跑。"

老师父也笑着答道："我也只是这里的游客，不久我就会走,正如你也会走一样。"

在这个世界上,我们都只是游客而已,没有人能真正拥有任何东西,你的房子、土地、黄金、钻石……都只是你暂用的,你可以使用,但不能永久拥有它们。

你或许疑惑:"这黄金、钻石是我买的,我当然能一直拥有它们。"

但你真的能永久拥有它们吗?不,当你还没有拥有它们之时,那些东西早已经存在了;当有一天你不在了,那些东西或许还会存在。

就在你住的地方,那块土地曾有过许多主人,这些人也曾像你一样,以为那块土地是自己的,现在这些人早已不在了,但土地仍在那里。他们曾经为了一小块土地争斗,而今呢?争斗的人早已离世,土地也几经易主。从未有人能够带走任何东西。

所以请别声称,那是"我的"。没有什么是你的,你的财产,你最喜欢的东西……在你离开时,你什么也带不走。

人握拳来到这个世界,仿佛是说:"整个世界都是我的。"但在离开人世时,人往往是摊开手掌的,仿佛是说:"看吧!我什么也没带走。"

所有的东西都只是来来去去,没有人是它们永远的主人。宫殿仍然辉煌,但历代的君王现在又在哪里呢?

第六章 当你学会面对死,就学会如何活

如果你是有智慧、有所领悟的人,就会尽情地享用、分享所拥有的一切,而非吝啬地占有。这些迟早会被拿走,在此之前,你何不先分享给大家?

第七章

我们要追求的是
享受生活

PART 7

第一节
快乐，就是放下你认为能使你快乐的东西

我问一个学生："你快乐吗？"

他说："等通过高考，我就会快乐。"

通过高考后，我再次问他："你快乐吗？"

他说："再给我几年时间，等我有了自己的房子我就会快乐。"

"其实你并不想快乐，"我告诉他，"生命是宝贵的，为什么要等几年后拥有了房子才会快乐？"

人的悲哀就是"只有赢得什么才会快乐，结果却输掉快乐"。你有一份现在就可以快乐的工作，但是你给自己设

定一个升职目标，实现后才会快乐；你衣食无忧，现在本就可以快乐，但你有一个先决条件，就是买到某件东西、赚到一笔钱、买到一套房子，你说："只要到那时候，我就快乐。"如果一直没得到那些呢？你是不是一直都不快乐？

所以，每当有人问我："要怎么做才能快乐？"我总是回答说："很简单，只要放下你认为能使你快乐的东西。"

要体验快乐，并不需要更高的职位，更多的金钱，更大的车子、房子或者更好的对象，重要的是你自己的想法。小孩子没拥有那么多东西，每天也照样快快乐乐的。

有些人一辈子为了目标而东奔西跑、埋头苦干，却忽略了身边不经意间的美好、甜蜜。当生命走到尽头，他们才幡然醒悟，自己浪费了一生，从来没有真正地活过。

我们来到世上并不只是为了达成各种目标，也不是像火车一样，只为了抵达某个站点。我们是来体验人生的，快乐享受这趟旅程才是人生的目的。当你有了这样的认知，即使在旅程中遇到障碍，你也不会沮丧或生气。你利用这个机会走下火车，看看不同的风景，那将是完全不同的人生体验。

并不是到达目的地才会快乐，而是旅程中的每一步造就了快乐，旅程本身就是目标，它们不是两件事。如果你能将过程当作目标一样来享受，那么你在整个旅程中都会很快乐。

所以，不管你的目标是什么，记住，一定要享受过程。

突围

> 快乐是你自己决定要快乐起来的结果，仅此而已，就这么简单。
>
> 想过吗？当你达成目标，觉得很快乐，这目标是谁设定的？
>
> 再想想，当你达成目标时，很快乐，是谁要你快乐的？
>
> 都是你自己，对吗？
>
> 没错，不管有没有达成目标，都要快乐，这才是人生的目标。

第二节
改善生活，不如享受生活

在这个世界上有两种生活方式，一种是改善生活，另一种是享受生活。

我们大多数人在改善生活，企图改变周遭的人、事、物。事情这样不对，那样不好。然而，我们终其一生能够改变多少呢？

一位禅师说："那好像是要重新安排天上的云朵一般。这使你无法快乐，无法从内心发出微笑，无法爱人以及讨人喜爱。它永远像根刺扎在那里，令人气恼。"

有个人一心想在院子里种出一片漂亮的草地，但是他

突 围

发现有好几株蒲公英在跟他作对,而且蒲公英越长越多,竟然占据了院子的一角。

他试了许多方法想把蒲公英从草地上除掉,喷农药、换不同的肥料、把一株株的蒲公英连根拔起,但都收效甚微,最后,他只能向园艺店老板求助。

"还有别的方法吗?"他问。

"我的建议是,"老板回答他,"你该学着去欣赏那片蒲公英。"

享受和改善是完全不同的角度。改善的人专注于欠缺和错误的一面,他们总是因此而抱怨;享受的人则专注在拥有和美好的事上,他们懂得欣赏和感恩。享受生活的人,不需要改善生活;忙着改善生活的人,无法享受生活。

在这个世界上,我们永远不可能达到一切尽善尽美的境地。美好的人生并不是没有问题,而是要放下那些问题。我们要学会享受生活,放下那些期待,那么我们就能享受当下,不是吗?

萝丝太太已经90岁了。她一早就穿戴整齐,头发梳成时髦的样式,连化妆也不含糊。

第七章　我们要追求的是享受生活

她的先生刚刚去世,她一个人必须搬到养老院去住。

她在养老院的大厅里等待分配房间。她一点儿也不急躁,只是安静地等着,脸上带着微笑。

房间准备好了,养老院的社会工作者领着她进去。

在电梯里,社会工作者将房间内部的状况与布置描述给她听。老太太惊叹起来,就像小孩儿得到心爱的礼物一样。

社会工作者说:"老太太,慢点儿高兴,你还没看到你的房间呢!"

但是老太太说:"那没关系!快乐是自己决定的心情,我喜欢这个房间并不是因为它的布置,而是我早就决定要去喜欢它。我每天早上醒来,都会告诉自己要快乐一整天。

"我可以躺在床上,想象自己有多么悲惨,毕竟身体大部分的器官已经功能衰退了。但我也可以高高兴兴地起床,为还能用的器官献上感谢。"

我们必须从此时、此地、此境开始快乐。因为问题不是来自外界,而是来自我们的内心,因此,我们需要转变自己内在的心境。

突 围

美好的人生并不是完全没有问题,而是要学会欣赏美好的人、事、物。

当你得到了想要的东西,那很好;如果你没得到,那也没关系。当结果是你所希望的,你去享受它;如果结果不是你所期望的,你也去喜欢它。

人生的际遇不可能都是美好的,但你可以境由心转,让心情变美好。

第三节
是得？是失？

凡事有得就有失，得失是相对的。

当你得到一份工作时，同时你也失去了某些时间和自由；当你拥有一位伴侣时，同时你也失去了一些属于个人的空间和自由；当你得到金钱、权力、名誉时，你也可能在追求的过程中，失去了更重要的东西，比如亲情、友情、爱情，或者青春、健康，等等。

而在你失去的同时，其实也是在得到。当你失去青春，也许得到成熟；失去高位，也许得到清闲；失去钱财，也许找回健康；失去健康，也许得到了亲友的关爱。

突 围

当你失恋时,若你不沉溺于痛苦之中,其实仔细想想,自己失去的是不爱自己的人,应该庆幸又得到重新选择、重新去爱的机会。

当亲人在你身边时,你很少去珍惜;等亲人离开,你会很难过,这也让你学会珍惜。你从失去中领悟了一些道理,从而得到成长。

当你从工作岗位上暂时退下,你不但可以解压充电,更重要的是还有机会去重新检视人生方向和工作目标,尝试涉猎一些不同的行业,扩宽自己的眼界。

有位朋友一直有创业的梦想,直到失业后,他才决定去创业。他说:"没上班这几年,我不但赚到了自由,赚到了能力,赚到了面对问题的勇气,还赚到了人生的价值!"

当你失去一些东西,你或许会得到更珍贵的东西。百般无奈失业,谁知下一份工作竟然比原来的好;身体老化让人失落,不能像以前一样走得又快又远,但也因此学会放慢脚步欣赏周围的景色。

所以,不要感叹你失去的,要去思考、去发觉,失去的同时要看到你获得的那些东西。我常提醒学生:"当你得到所追求的,也别忘了看看是否失去了什么。"

人生就像爬山,本来我们可以轻松登上山顶去欣赏美丽的风景,但由于身上背负了太重的包袱,带着无休止的索求上路,我们不但越爬越累,甚至忽略了沿途美丽的风景,最后空留一身的疲惫。

你曾认真想过吗?你想拥有的职位、财产、人际关系的"包袱",到底是得还是失?

有这么一句话:"一个人快乐,并不是因为他拥有的多,而是因为他计较的少。多是负担,是另一种失去;少非不足,是另一种有余。舍弃也不一定是失,而是另一种更宽阔的拥有。"

像物理学家吴大猷等人,虽然奉献一生,却一辈子清苦,看似失去了许多,却获得了人们的敬仰;那些贪官、黑心商人获得了大量的财物,却失去了良心、人格,甚至坐牢失去了自由。

正所谓,有舍有得,不舍不得,能大舍的人才能大得。

突 围

一般人"得"就高兴得意,"失"就感到失落悲伤,这就是没领悟到人生的哲理。在你得到的时候,在你快乐的同时,悲伤其实早已在那里等你。

你得到想要的东西,觉得很快乐,当有一天失去了,就会觉得很悲伤;你曾经有多少快乐,当你失去时就会有多少悲伤。失去是必然的结果,不管你得到什么,失去是早已经注定的。

既然没有一件你喜欢的东西可以被永久持有,何不豁达接受生命中大大小小的失去?

第四节
你是拥有，还是享有？

许多人以为只要"拥有"就等于"享有"，其实并非如此。我们"拥有"数十年人生，但可曾"享有"几时的清闲自在？

"拥有"与"享有"是两个不同的概念。人们不断拥有，比如车子、房子、名牌服饰等，但并没有因此变得更幸福、更满足，为什么？因为拥有不等于享有。

从前，有个爱钱如命的守财奴把黄金藏在后院里的一棵树下，每周挖出来一次，对着黄金高兴地看上好几个小时。

突 围

一天,窃贼把黄金都挖走了,守财奴再来看时,只看见一个空洞,什么都没了。

他放声大哭,邻居都跑来看个究竟,然后其中一个邻居问道:"那些黄金你用了多少?"

"一点儿都没用,我只是每星期来看它一次。"守财奴伤心地说。

"既然这样,你何不找几个砖块刷上金色的漆,以后每周就来看这些砖块,那不是一样吗?"

你是拥有,还是享有?你想过这个问题吗?

比如你有一栋为你提供安全、便利生活的房子,周边环境优雅、绿意盎然,这让你感到舒适放松、幸福美好,这就是享有。

相反,你买了一栋房子,只因为这个位置未来要建设便利的交通网,房子可以升值,但是你被房贷压得喘不过气,这就是被物质占有。你明白了吗?

拥有的是物质,享有的是精神。把拥有摆在享有之前,等于把马车放在马儿的前面,就本末倒置了。比如有些人虽拥有气派的豪宅、漂亮的庭院,却整天在外面赚钱;拥有高级的厨房,却天天在外面吃饭;收藏了各种名画、古董，却没有一件能看得懂。这样的话，有与没有又有何差别？

我们看到一朵漂亮的花，就一定要将它带回家吗？其实，我们能欣赏、感受到花朵的美好，就已经得到它了，它在路旁与在家里并没有区别。我们也不需要去"拥有"一座山、一座公园，只要我们愿意走进里面，马上可以"享有"它，不是吗？

我曾经常提到这个故事。

有个富翁向智慧大师炫耀他的宝石。他拿着宝石在大师面前晃啊晃："看出来了吗？这宝石可是价值连城。"

大师说："你真好，愿意给我。"

富翁急着说："我有说要给你吗？"

大师回答："你不是已经给我看了，那就算是给我啦！宝石除了看看以外，还有什么作用呢？"

是的，你可以享有，但不一定要去拥有。正如你不一定要拥有太阳才能享受温暖阳光，不一定要拥有夜空才能欣赏灿烂星辰。

突 围

有偈曰:"高坡平顶上,尽是采樵翁;人人各怀刀斧意,不见山花映水红。"

樵夫为什么无法欣赏映水红的山花呢?因为他们一心想找到好木材,就会对水边的山花视而不见。

别再忙着去追求了,你没发现吗?因为你太在乎追求自己没有的东西,反而没意识到自己早已拥有的一切。

人能拥有未必能享有，没有拥有却有可能享有。

一个两手空空的流浪汉，若能以大地为床、日月为灯、星空为帘幕、虫鸣鸟叫为音乐、万物为宠物……虽然没有拥有任何东西，但是享有全世界。

当你享有世界的时候，你还需要拥有全世界吗？反之，如果你从未真正享受拥有的一切，那有也等于没有。

第五节
幸福，需要用心去感受

你有多久没有聆听过早晨的鸟鸣，驻足欣赏过树梢上的嫩芽？你有多久没看过草上的露珠、雨后的山峦、鸟儿翱翔或观赏过急流上跳跃的月光？

人到了一定年纪，似乎都有同样的感慨：日子一天天从我们身边流逝，而我们浑然不觉。国外一位作家曾说："大部分人天生都具有敏锐的知觉，然而，我们对周遭的美妙事物恍恍惚惚，过得有如行尸走肉。"

感受必须来自内心。闭上眼睛，用"心"听，你听见风声了吗？微风吹拂树林的声音是否触动了你的心弦？好，现在想象你是一棵树，风吹来，你该怎么摇摆？鸟儿在树上跳跃，你会不会痒？再闻一闻，是否有一股清新的气味呢？没错，是芬多精（植物释放出的具有芳香气味的挥发性气态有机物质，具有抗菌效果，能净化空气、降低污染，使呼吸顺畅、精神旺盛，有使人清醒的效果）。

你吃东西前可以先闻一闻，享受食物的气味。别急，慢慢来，你吃下一小口食物，然后细细咀嚼，很少的食物却能让你体会到满足感。假如你用心去感受，还会产生感恩之情。

餐桌上的每一样食物都曾有过生命。洋葱曾经生长在艳阳下；稻子生活在湿湿的稻田里，稻米源自从细长的稻茎上长出来的稻穗；鲜甜爽口、弹性十足的乌贼等海鲜产品是从大海中被捕捞的；连咖喱中的多种香料也都曾经拥抱过微风和细雨。

我们之所以能够吃到美味的食物，是有许多人付出劳动的，比如农夫、渔民、卡车司机、做买卖的人。如果我们总是漫不经心，甚至边吃边看电视、看手机，又怎能感受到幸福美好呢？

许多人总是埋怨生活无聊，觉得人生无趣，这些埋怨都因为我们对生活的感受力太差。

其实，只要我们用心感受，随时随处都可以拥有欢喜。比如路旁一朵可爱的野菊，在枝头歌唱的鸟儿，乃至天边的夕阳，你都可以驻足欣赏。这时候野菊、小鸟、夕阳都为你存在。如果你心不在焉、听而不闻、视而不见、食而不知其味，即使幸福近在咫尺也是枉然。

我们可以检视内心："幸福到底从何而来？"我的女儿说："我看过往出游的照片时，忆起当时的欢乐，心底会有甜甜的感觉。"没错，你越能感受到生活就越幸福。

有悟道诗云："尽日寻春不见春，芒鞋踏遍陇头云。归来笑拈梅花嗅，春在枝头已十分。"眺望远处，风景迷人，走进风景，原来自己也是风景。

其实,每个人的生活中都有"小确幸"。有柔软的沙发、温暖的床是幸福;有人关心你、爱着你是幸福;看到孩子一天天长大是幸福;喝一杯热咖啡是幸福;每次经过面包店闻到香甜的味道也是一种幸福……幸福就在身旁,我们欠缺的只是用心感受。

当我们躺在草地上,欣赏着如钻石般的繁星,这就是幸福,而不应看着星星,还在想着幸福在哪里。